도시재생과 경관만들기
일본의 13_도시재생 프로젝트

도시재생과 경관만들기
일본의 13_도시재생 프로젝트

지은이	이정형
펴낸이	김선문
펴낸곳	도서출판 발언
주　소	130-823 서울 동대문구 용두동 138-41 두산베어스타워 203-1호
출판등록	1993년 6월 1일 제 6-0275호
대표전화	02)929-3546
팩　스	02)929-3548
1판 1쇄	2007년 8월 25일
ISBN	978-89-7763-075-8 93610
정　가	18,000원

| 만든 사람들 |

편집기획	김관중
편집디자인	studio DnA

* 본 책을 저작권자나 도서출판 발언 펴낸이의 승인없이 일부 또는 전부를 사진 복사나 디스크 복사 및 기타 매체를 이용하여 복사하거나 이용할 수 없습니다.

도시재생과 경관만들기
일본의 13_도시재생 프로젝트

이정형

바른어ㄴ

FOREWORD

　우리나라는 지난 50년간 도시만들기에 있어 고도경제성장기라는 시대적 상황 속에서 '개발'이 시대적 화두였다. 이는 20세기 근대도시계획이 지향하는 기능주의, 용도분리, 합리주의와 맞물려 대규모 신도시개발, 자동차중심의 도시확산으로 이어지면서 도시는 개발의 대상으로 여겨지게 된 것이다. 이러한 산업화사회의 도시개발은 비단 우리나라뿐만 아니라 유럽, 미국, 일본 등 우리보다 앞서 근대화과정을 거친 대부분의 나라들에 공통적으로 경험하게 되는 현상이었다. 하지만 20세기 후반에 접어들어 과도한 도시개발에 따른 지구환경문제, 대도시를 중심으로 한 도심부공동화현상, 보행환경이 무시되는 자동차중심의 교통문제 등 많은 도시문제를 양산하는 결과를 초래하게 되면서, 21세기에는 도시가 '개발'의 대상에서 '재생 또는 보전'의 대상 또는 계획 개념으로 패러다임이 변화하게 되었다. 즉, 이제 우리도 어느 정도 성숙화된 사회를 준비하면서 더 이상의 새로운 도시개발에 따른 무질서한 도시확산보다는 기성시가지의 '재편(재생)'이라는 도시만들기의 새로운 패러다임의 시각에서 기존 도시의 다양한 인프라(도시적, 문화적, 사회적 인프라)를 활용하는 도시만들기에 관심이 모아지고 있는 것이다. 이는 최근 서울시 도심부 재생사업의 일환으로 전개되고 있는 청계천복원사업, 세운상가재개발, 강북뉴타운개발, 시청 앞 및 남대문광장조성 등도 이러한 '도시재생' 움직임의 하나로 이해될 수 있을 것이다.

　이러한 상황 속에서 이 책은 도시재생의 논리적 개념을 정리하고 우리보다 앞서 도시재생의 계획수법을 실천하고 있는 '일본'의 도시재생프로젝트 사례를 소개하고자 한다. 일본은 1990년대부터 10년 이상의 장기불황을 겪으면서 종전의 대규모 신도시개발을 포기하고 '도시재생', '도심복귀'라는 새로운 도시만들기의 개념정립을 시도하고 있다. 이는 고령화사회, 거품경제 붕괴로 인한 도심의 지가하락 등 다양한 사회경제적인 요인을 배경으로 하고 있지만, 무엇보다 21세기형 도시만들기의 큰 흐름(틀)을 거부할 수 없었기 때문이다. 특히 도시재생이 단순한 도시계획의 계획수법이라기 보다는 도쿄 등 대도시중심의 산업재편을 통한 국가경쟁력 제고라는 경제산업 국가정책의 일환으로 국가의 미래전략으로서 국토 및 도시만들기가 시도되고 있다.

우리는 2007년 현재 행정복합도시, 혁신도시, 기업도시, 그린벨트 해제를 통한 신도시개발 등 대도시 교외부의 대규모 도시개발이 여전히 이루어지고 있는 반면, 기성시가지 재편을 위한 '도시재정비 촉진을 위한 특별법'(소위, 뉴타운특별법)이 제정되는 등 교외부 도시개발과 기성시가지 재생사업이 동시에 추진되고 있는 상황이라 할 수 있겠다. 하지만, 장기적인 시점에서 보면 도시의 팽창에는 한계가 있으며 기성시가지의 도시인프라를 활용하면서 도시를 재편해 가는 공간전략이 유효해 질 것이다.

이 책은 현재 우리나라에서 실시되고 있는 혹은 향후 전개될 도시재생수법에 대해 일본의 사례를 통해 그 시사점을 모색해보고자 하는 것이다. 전술한 바와 같이 도시재생수법은 단순한 물리적 도시계획의 차원을 너머 다양한 공간전략의 접근이 필요하다. 하지만, 여기서는 일본의 13개 대규모 도시재생 프로젝트를 대상으로 '도시경관'이라는 시점에 초점을 두면서 도시건축시스템, 도시와 건축, 조경만들기의 특징을 소개하고자 한다.

아무튼 이 책이 대규모 도심재생 프로젝트를 통해 도시의 경쟁력 제고는 물론 미래의 도시경쟁력을 준비하는 많은 전문가들에게 참고가 되길 바란다.

끝으로 출판계의 불황이 거듭되는 시기에 이 책의 출판을 흔쾌히 수락해주신 도서출판 발언의 김선문 사장께 감사드리며 편집자 여러분께 감사의 말씀을 드립니다. 또 필자의 원고를 세심하게 교정하면서 사진, 도면 등을 일일이 챙겨준 중앙대 도시건축연구실의 김민경, 김혜연, 송준환, 이여경, 이원규, 박선영 등 대학원 연구원생들에게 고마움을 전합니다.

2007년 여름 흑석골에서
이 정 형

CONTENTS

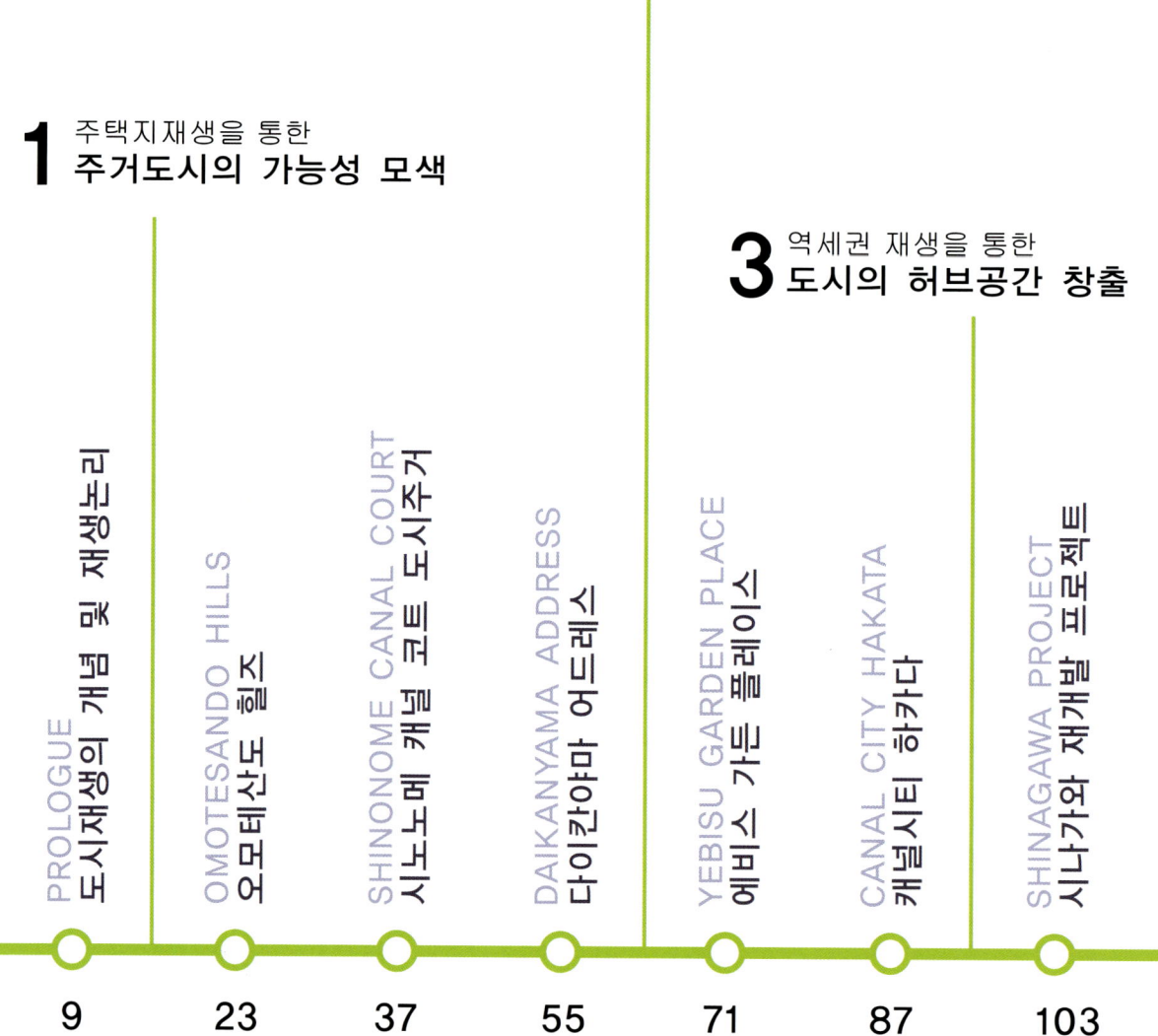

1 주택지재생을 통한 **주거도시의 가능성 모색**

2 대규모 공장이적지의 **계획적 도시재생**

3 역세권 재생을 통한 **도시의 허브공간 창출**

- PROLOGUE 도시재생의 개념 및 재생논리 — 9
- OMOTESANDO HILLS 오모테산도 힐즈 — 23
- SHINONOME CANAL COURT 시노노메 캐널 코트 도시주거 — 37
- DAIKANYAMA ADDRESS 다이칸야마 어드레스 — 55
- YEBISU GARDEN PLACE 에비스 가든 플레이스 — 71
- CANAL CITY HAKATA 캐널시티 하카다 — 87
- SHINAGAWA PROJECT 시나가와 재개발 프로젝트 — 103

6 기성시가지
업무·비즈니스 지구의
전략적 재생

4 상업지재생을 통한
도심활성화의 시도

5 워트프론트 재생을 통한
수변도시의 창출

SHIODOME PROJECT 시오도메 프로젝트	AKIHABARA PROJECT 아키하바라 지구재생	ROPPONGI HILLS 록본기 힐즈	NAMBA PARK 난바파크	TENNOJU ISLAND 텐어쥬 아일랜드	HARUMI PROJECT 하루미 프로젝트	MARUNOUCHI PROJECT 마루노우치 지구재생
127	147	161	183	198	213	231

도시재생의 논리

URBAN REGENERATION

URBAN REGENERATION

0

- **PROLOGUE**
- OMOTESANDO HILLS
- SHINONOME CANAL COURT
- DAIKANYAMA ADDRESS
- YEBISU GARDEN PLACE
- CANAL CITY HAKATA
- SHINAGAWA PROJECT
- SHIODOME PROJECT
- AKIHABARA PROJECT
- ROPPONGI HILLS
- NAMBA PARK
- TENNOJU ISLAND
- HARUMI PROJECT
- MARUNOUCHI PROJECT

0 도시재생의 개념 및 재생논리

도시재생의 개념

　1960년대 근대도시계획의 비판과 반성을 주장한 '제인 제이콥스'의 도시만들기 이론으로 현대 도시계획이 지향하는 도시(시가지)상은 대변환이 이루어졌다. 가로를 중심으로 한 활력있는 도시공간, 용도가 혼재된 자연스러운 도시의 다양성 확보, 경제논리의 도시개발을 극복하는 도시보존 및 재생수법 등 도시공간의 3차원적인 공간이미지와 지역사회의 생활상(커뮤니티)을 반영하는 도시만들기가 시대적 이슈로 등장한 것이다.

　구체적으로, 도시재생의 도시만들기가 추구하는 도시의 미래상은 소위 '20세기형 근대도시계획'의 비인간성, 몰개성적, 기능주의적인 도시만들기에 대항하면서 이러한 도시문제를 극복하기 위한 3가지 대안을 제시하게 된다. 우선, 지역성, 장소성에 부응해 다양한 주체의 참여와 창의성을 살리면서 도시경관의 자연스러운 변화와 생성의 프로세스를 실현해가는 방향을 모색하는 것이다. 이는 종전의 개발업자와 행정(관)중심의 도시만들기에서 지권자협의체, 주민, 시민단체, 행정 등이 다양하게 참여해 도시공간과 도시경관을 만들어가는 것을 의미한다. 둘째로는 죠닝제도, 지구계획 등 기존의 법제도적 범위 내에서 사전확정적으로 제시되어 있는 시가지상을 전제로 하는 것이 아니라, 능동적인 프로그램에 의해 점진적으로 변화 발전하는 도시경관과 공간을 창출해내는 것이다. 이는 종전의 행정(관)중심에서 지권자나 수요자가 요구하는 다양한 공간전략을 행정이 적극적으로 수용하려는 새로운 시도로 볼 수 있다. 셋째 도시의 다양성, 복합성 등에 초점을 맞추어 도시공간의 역사적, 문화적 매력을 회복해 가는 것이다. 이는 물리적 계획을 다루는 도시 및 건축계획 수법으로서는 매우 전략적인 접근인데, 이러한 역사적 재생을 통한 장소 마케팅은 궁극적으로 도시공간 및 경관의 경쟁력을 제고하게 된다는 논리이다.

이러한 도시재생의 경관 및 공간전략의 방향설정에 따른 구체적인 규범적 도시디자인 수법으로는, 1) 역사지구의 보전과 재생, 2) 복합화 된 도시재개발, 3) 공동재건축을 통한 기성시가지의 연속적 갱신, 4) 장소성에 근거한 점진적인 도시경관의 형성, 5) 기성 주거시가지(urban village)의 재생 등 5가지 영역으로 요약될 수 있다.

복합화 된 도시재개발

도시재개발이 단순한 주택이나 업무시설 등 도시기능의 단순기능화로 인해 도심공동화 등 도심을 쇠퇴시키고 말았다는 반성에서 출발한 도심복합개발(Mixed Use Development)은 1970년대 미국에서 시도된 계획수법이다. 도시 가운데 새로운 도시를 만들려는 시도로 거대한 건축화에 의해 도시공간을 만들어내는 수법으로 쇠퇴한 도심에 새로운 활동거점을 제안하는 것이다. 즉, 주택, 상업업무시설, 문화예술 시설 등 다양한 도시기능이나 라이프 스타일, 역사적 자산을 복합하려는, 도시가 원래 가지고 있던 모습을 계획적으로 새로운 복합기능을 통해 도시공간과 경관을 창출해 내려는 것이다. 또 이러한 새로운 도시상을 만들어내기 위해 기존의 죠닝수법을 극복하고 고정적인 도시계획 규제에서 탈피해 보다 다양한 제도적 장치(예를 들면, 일본의 재개발지구계획제도, 미국의 PUD등)를 통해 실현해 가고 있다.

이 책에서 소개한 13개의 도심재개발 프로젝트는 이러한 다양한 도시공간 창출을 위한 도시디자인 수법이 제안된 도심재생 프로젝트라 할 수 있다.

도시재생의 유형분류 및 재생논리

다양한 도시재생수법 가운데, 이 책에서는 일본의 대규모 복합용도프로젝트를 대상으로 경관 및 공간구성수법에 초점을 맞추어 정리하고자 한다. 도시재생 프로젝트의 유형은 프로젝트의 성격, 위치, 사업주체 등에 따라 분류될 수 있는데, 여기서는 도시공간의 구성시스템, 경관특성 등의 분석을 위한 유형구분을 위해 프로젝트의 입지와 기능에 따라, 1) 주택지재생, 2) 공장이적지 재생, 3) 역세권재생, 4) 도심상업지재생, 5) 워터프론트 재개발, 6)업무지재생 등 6가지 유형으로 구분해 사례를 소개하고 있는데, 그 내용을 정리하면 다음과 같다.

(1)주거지재생의 논리

일본은 2차대전 이후 급격한 도시화에 따라 주택수요의 공급을 위한 대규모 주택신도시개발을 통해 주택공급에 주력해 왔다. 하지만 1980년대 후반 거품경제가 붕괴하고 출산율 저하에 따른 세대수 감소 등으로 인해 더 이상의 신도시개발은 행해지지 않게 되면서 자연스럽게 기성시가지의 주택지재생이 도시만들기의 새로운 패러다임으로 자리잡게 되었다. 이러한 주택지재생계획의 논리적 배경에는 종전의 주거 '단지' 계획에서 주거 '도시'로의 개념전환이라는 계획패러다임의 중요한 변화가 있다. 즉 신도시개발에서 전형적으로 다루어지던 20세기형 근린주구이론에 의한 단지계획수법은 기성시가지의 주택지재생에 있어서는 적용될 수 없었으며 주변지구의 도시적 맥락을 살리는 도시형주거 및 주거단지 계획수법을 필요로 하게 된 것이다. 이러한 주거도시를 만들기 위해 다양한 계획수법이 전개되는데, 대표적인 몇 가지 수법을 정리하면 다음과 같다.

단지의 개방성과 가로공간의 활성화

종전의 폐쇄적인 단지형 주거에서 주거가 도시조직(가로와 블록)의 구성요소로서 계획되면서 개방적인 주거블록을 형성하게 되었다. 주거블록이 개방적이지 않은 경우에도 최소한 가로에 면한 주거동이 연도성을 가지거나 혹은 저층부의 다양한 도시지원시설을 통해 가로공간의 활성화를 시도하게 되었다. 최근 우리나라 주거단지계획에서도 시도(예를 들면 은평뉴타운 등)되고 있는 중정형주거(혹은 연도형주거)도 이러한 맥락에서 이해될 수 있을 것이다. 또, 지역에 열린 도시주거를 제안하기 위해 저층부의 다양한 상업시설, 지역커뮤니티 시설, 광장 및 녹지공원, 가로공원 등의 도입을 통해 주변시가지와의 일체화를 도모하고 있다.

구체적으로는, 오모테산도 힐즈(사례-1)에서의 저층부 상업시설 도입, 다이칸야마 어드레스(사례-2)에서의 지역커뮤니티 시설 도입, 시노노메 단지에서의 주변가로변 업무 및 상업시설의 도입 등이 이러한 단지의 개방화 및 가로공간 활성화의 시도로 볼 수 있다.

개방적 도시가로 및 공중가로의 유입

종전의 단지계획에서 탈피하는 또 다른 시도의 하나로 주거단지 내에 개방적인 도시가로를 유입해 보다 주거단지의 공공성을 높이는 수법이 행해지는데, 유입된 도시가로에는 상가, 커뮤니티 시설 등을 의도적으로 배치해 활성화를 도모하고 있다(사례-2.시노노메 도시주거 에서의 S자형 도시가로 유입 참조). 또 에비스 가든 플레이스(사례-4)나 록본기 힐즈(사례-9)에서와 같이 유입된 도시가로는 상업업무지구와 도시주거지구를 자

1 은평뉴타운 중정형 주거사례
2 다이칸야마 어드레스 지역 커뮤니티 시설
3 개방적인 도시주거(시노노메)

연스럽게 분리하면서 개방된 도시가로를 통한 단지의 활성화를 시도하고 있다.

한편, 각 주동 간 혹은 주차장, 공원, 광장 등과의 다양한 보행연계를 위해 공중가로라는 별도의 동선시스템을 제안하면서 커뮤니티의 활성화를 도모하고 있다. 공중가로는 보행데크 형태로 제안되는데 텐오주 아일랜드(사례-11), 하루미 프로젝트(사례-12)에서는 보행전용 공중가로(보행데크)를 통해 지구전체를 일체적으로 연계하면서 주거지의 커뮤니티를 활성화하고 있다.

새로운 주거유니트 개발의 시도

지금까지 주거 유니트계획은 침식분리, 개실확보, 공용시설의 충실화 등으로 변화·발전해 왔으나, 최근 생활거주자의 다양한 요구와 라이프스타일의 변화에 따른 다양한 공간수요에 대응할 수 있는 새로운 주거유니트의 개발이 시도되고 있다. 특히 주거유니트계획은 단순한 주호계획의 차원을 넘어 주동진입방식, 공용부문계획, 가로활성화, 커뮤니티 활성화 등 도시(단지) 주거지계획의 종합적인 시점에서 고려될 수 있는 문제이다. 이러한 의미에서 알파룸(f-룸, SOHO 룸 등으로도 불림)과 같은 새로운 주거유니트 공간의 도입은 개별 주거유니트는 물론 단지주거계획에서의 다양한 요구에 부응하는 하나의 대안이 될 것이다. 알파룸이란 가로의 활성화를 위해 간선보행자도로, 중정공간 등에 면해 각 주거자의 개성을 살릴 수 있도록 별도의 방을 설치하는 것을 의미하는데, 다양한 디자인의 알파룸은 1층 부분의 주호에 하나의 새로운 용도의 방을 하나 더 제공해 줌으로서 1층 부분의 취약점인 프라이버시, 일조, 안전 등의 문제를 해결하면서 가로활성화도 동시에 도모할 수 있는 주거유니트계획의 시도이다.

4 알파룸 (시노노메)

(2)공장이적지 재생의 논리

도시교외부의 대규모 신도시개발의 대안으로서 기성시가지 도시재생을 고려할 때 기성시가지 내 대규모 공장이적지는 계획적 도시재생의 가능성을 가진 대상지가 된다. 우선, 대부분의 공장이적지가 도심에 위치해 있으며 종전까지 공장 등의 산업시설로 인해 주변부가 매우 열악한 도시환경을 형성하고 있다. 이는 역설적으로 공장이적지 재생이 효과적으로 이루어진다면 그로 인해 주변 개발의 잠재력이 매우 높다는 것을 의미하기도 한다. 즉, 공장이적지 개발 뿐만 아니라 대규모 재생프로젝트로 인해 주변지구의 활성화까지 도모할 수 있는 개발의 촉매역할도 하게 된다(사례-5 캐널시티 하카다의 경우, 후쿠오카 도심재생의 촉매가 되어 주변부 일대가 재생되는 계기가 되었다). 우리나라에서도 대규모 공장이 입지한 영등포구, 구로구 등의 경우 지금까지 이러한 공장지로 인해 서울에서도 매우 열악한 지구로 알려져 있지만 최근 대규모 공장이적지에 대한 다양한 도시재생계획이 진행 중이다.

따라서 이러한 공장이적지 재생계획의 경우 다음의 3가지 논리적 계획특성을 가지게 된다. 첫째, 대부분의 공장이적지가 도심부에 위치해 개발잠재력이 뛰어나고 도심의 다양한 기능을 수용할 수 있는 입지적 특성을 반영해 도심용도의 '복합화'가 제안될 수 있다. 둘째, 대상지 뿐만 아니라 대상지 주변부의 활성화를 도모할 수 있는 개발계획의 '촉매화'가 이루어진다. 즉, 복합용도개발은 대상지주변부 활성화의 계기로 작용하며 실제 주변역세권 등의 정비가 되는 계기를 마련하게 된다. 셋째, 공장이적지의 경우 공장의 산업시설을 지원하던 다양한 도시기반시설(도로, 상하수도, 하천, 철도역사 등)이 양호하게 갖추어져 있어 재생개발계획 수립 시 이러한 인프라시설의 '연계활용화'가 이루어지게 된다. 예를 들면 전철역에서의 이동에스컬레이터 설치(사례-4 참조), 주변 하천공간의 워터프론트 정비계획, 각종 문화인프라시설의 도입 등을 통해 도시재생을 극대화하게 된다.

5 주변부 하천정리
  (캐널시티 하카다)
6 정비된 도시 인프라 시설
  (에비스 가든 플레이스 무빙워크)

(3) 역세권 재생의 논리

도시공간에 있어 전철 혹은 철도역은 교통의 주요 결절점을 형성하며 도시의 허브공간 역할을 하게 되며, 또 철도역사 주변지구는 철도정비창 등이 위치해 있던 곳으로 대규모 미개발지로 남아있는 경우가 많다. 따라서 교통의 요충지에 대규모 미개발지를 형성하고 있는 역세권지역은 도시재생의 좋은 기회를 제공하고 있다. 최근 우리나라에서도 고속전철(KTX)의 도입으로 대도시 역세권이 도시재생의 중요요소가 되고 있는데, 역세권 재생의 경우 전철 혹은 철도역사 그 자체의 재생계획과 역사주변지구의 미개발용지에 대한 복합용도개발 사례로 구분된다. 철도역사 재생의 경우 역사 건축물의 보존계획과 더불어 새로운 도시교통 결절점의 랜드마크로서 대규모 역사건축물의 재생계획이 논의될 수 있을 것이다. 한편, 역세권 주변부지의 활성화계획의 경우 새로운 복합용도개발의 다양한 프로그램의 도입 및 재생계획의 개념이 필요하게 된다.

전철 혹은 철도교통이 발달한 일본에서도 도시재생의 중요한 거점으로서 역세권 재생계획이 새롭게 부각되어 관·민이 함께 참여하는 다양한 역세권 재생계획이 시도되고 있다.

(4) 도심상업지 복합도시재생의 논리

20세기 도시계획수법의 많은 공헌에도 불구하고 가장 큰 문제점 중의 하나로 지적되는 것이 외연적 도시확산에 따른 도심공동화의 문제라 할 수 있다. 즉, 구 시가지로 대표되는 도심상업지가 쇠퇴하면서 오랫동안 방치된 기성시가지가 형성되게 된 것이다. 서울의 청계천주변 세운상가 등이 대표적인 장소라 할 수 있다. 이러한 도심상업지의 재생을 통한 복합도시로의 전환은 도심부 전체의 활성화에 기여하면서 도시개발의 촉매효과는 물론 도시기반시설의 정비, 공원 등 도시오픈스페이스의 창출, 문화기반시설의 도입을 통한 커뮤니티 생활공간 등의 정비를 동시에 진행할 수 있는 잠재력을 가지게 된다. 특히, 주거공간의 체계적인 도입을 통해 도심공동화를 방지하면서 지역커뮤니

7 역세권 개발
(시나가와 그랜드 커먼)

티 활성화를 도모해 나가야 한다.

(5) 워터프론트 재생의 논리

대도시의 임해부 등으로 대표되는 도시의 워터프론트(수변공간)는 근대화과정에서 대규모 공장시설이 집적하면서 대부분 산업시설이 차지하고 있어 생활공간으로서는 많이 활용되지 못하고 있었다. 하지만 최근 수변공간으로서의 매력과 잠재력이 재평가되면서 새롭게 복합도시공간으로 탈바꿈하는 사례가 증가하고 있다. 이러한 워터프론트는 기성시가지 내 공장이적지와 유사한 성격을 가지나 워터프론트라는 수변공간의 활용성을 최대한 살릴 수 있는 계획이 가능하며, 대부분의 경우 매립지로 형성되어 지형의 기복이 거의 없는 점이 특징이다. 또 매립지의 특성상 지하공간의 활용이 거의 불가능해 지상테크공간을 적극적으로 도입하게 되면서 다양한 형태의 인공데크공간을 창출하게 되는 계획상의 특징을 가지게 된다(사례-11. 사례-12 참조).

(6) 업무, 비즈니스 지구 재생의 논리

도심부의 업무, 비즈니스 지구는 이미 상당한 업무시설이 집적해 있어 새롭게 대규모 도시개발 프로젝트가 개발되기는 어려운 지구이다. 지금까지 형성되어 있는 업무지구의 대부분은 오피스를 중심으로 한 업무용도의 단순기능으로 야간 및 주말 이용자가 거의 없어 도심공동화의 주요요인이 되고 있는 지구이다. 서울의 도심부 및 여의도 업무지구, 테헤란로 업무지구 등이 이러한 지구의 대표적인 사례가 될 것이다. 이러한 지구를 24시간, 주말이용을 극대화하기 위한 재생전략이 중요한 개발 테마가 된다. 업무지구의 단계별 재개발계획이 진행되면서 한편으로는 기존 오피스에 다양한 기능을 복합화 해가고, 가로공간의 전략적 정비를 통한 특화거리 조성(예를 들면, 브랜드 스트리트 등)이 시도될 수 있다. 특히, 이미 많은 기업들이 소유한 대규모 오피스의 지권자가 존재하고 있다는 점을 고려해 이러

8 청계천 주변 세운상가 재개발(안)
9 워터프론트 재개발 (하루미 프로젝트)
10 브랜드스트리트 (마루노우치)

한 지권자들이 직접 참여하는 협의체의 구성 등을 통해 주민주체의 도시재생, 경관만들기의 전략적 시도가 이루어 질 수 있는 지구라 할 수 있다.

경관만들기 시점

이상에서와 같이 다양한 특성을 가진 도시재생프로젝트의 소개를 하는데 있어 도시경관적인 측면에 중점을 두면서 정리해 간다. 프로젝트 개요 및 개발프로세스, 개발수법 및 각 주체의 역할 등을 간략하게 정리 한 후 경관만들기에 대해 계획요소별로 특징을 서술한다.

도시경관만들기 또한 다양한 시점에서 특징을 정리할 수 있는데, 이 책에서는 도시와 건축의 관계성을 설명하는 '도시디자인'적인 시점에서 경관계획의 특징을 정리해 간다. 우선, 유형별 분석의 틀을 설정하고 그에 따른 프로젝트의 물리적 공간구성 및 경관특성을 살펴본다. 분석의 틀은 분석시점에 따라 1) 도시적 측면(경관적 차원), 2) 지역적 측면(주변지역과의 조화 및 연계), 3) 단지구성적 측면(단지의 개방성), 4) 가로경관적 측면(가로활성화), 5) 건축요소적 측면(디자인계획) 등 5가지 단계로 구분되는데, 분석요소로는 스카이라인, 랜드마크 등 마크로한 경관요소에서 건축적인 미크로한 디자인요소에 이르는 다양한 요소분석이 가능할 것이다. (표-1 참조).

다만, 모든 개발프로젝트가 이러한 개별분석 요소를 포함하고 있다기 보다는 프로젝트 특성에 따라 중점적으로 계획된 요소들을 중심으로 정리해 보고자 한다.

〈표-1〉 유형별 경관분석의 틀

경관분석시점	경관분석요소	경관분석내용
도시적 측면	도시경관적 차원의 분석	· 스카이라인 구성 · 시각적 개방성 · 랜드마크의 설정
지역적 측면	주변지역과의 조화 및 연계	· 교통인프라시설과의 연계방법 · 인접지역과의 관계 · 연접가로와의 관계
단지구성적 측면	단지의 개방성	· 주진입방식(Arrival point) · 평면/단면 용도배치방식 · 용도별 시설의 진입구성방식 · 건축물과 외부공간의 연계방식
가로경관적 측면	가로의 활성화	· 저층부 용도배치 · 보행진입 및 차량진입 구성방식 · 가로와 건축물의 매개공간 구성방식 · 가각부 구성 및 보행자공간 확보방식
건축요소적 측면	디자인 계획	· 입면디자인 및 재료선정 · 가로시설물 및 환경조형물

1 주택지재생을 통한 주거도시의 가능성 모색

사례-1. 오모테산도 힐즈
사례-2. 시노노메 도시주거
사례-3. 다이칸야마 어드레스

JAPAN URBAN REGENERATION & MAKING LANDSCAPE

오모테산도 힐즈

TOKYO
OMOTESANDO

OMOTESANDO HILLS

1

- PROLOGUE
- **OMOTESANDO HILLS**
- SHINONOME CANAL COURT
- DAIKANYAMA ADDRESS
- YEBISU GARDEN PLACE
- CANAL CITY HAKATA
- SHINAGAWA PROJECT
- SHIODOME PROJECT
- AKIHABARA PROJECT
- ROPPONGI HILLS
- NAMBA PARK
- TENNOJU ISLAND
- HARUMI PROJECT
- MARUNOUCHI PROJECT

1 오모테산도(表參道) 힐즈

개요

　오모테산도 힐즈 프로젝트는 도쿄에서도 가장 번화한 지구의 하나인 시부야와 인접한 오모테산도(表參道)지구에 위치해 있다. 1927년에 건립된 토준카이(同潤會)아파트단지가 입지해 있던 곳으로, 주변지구의 도시적 컨텍스트에 맞춰 지구를 재생한 대표적인 도시주거 재생 프로젝트이다. 오모테산도(表參道)지구는 젊은이들의 첨단패션을 리드하는 곳이며 도쿄에서도 오모테산도(表參道)가로(일본에서는 '도쿄 상제리제' 거리로 불린다)가 메이지 신궁(神宮)으로 뻗어 있는 가장 상징적인 가로에 연접해 있는 지구이다. 주택과 상업시설이 공존하며 항상 새로운 패션문화를 발신해 온 주변지구와 어울리는 도시공간 재생을 목표로 한 재개발사업이다.

　사업주체는 모리빌딩을 포함한 아파트지권자 등으로 구성된 재개발조합이며 2006년2월 준공했다. 설계는 일본을 대표하는 건축가 안도 타다오가 현상설계를 통해 선정되었는데, 오모테산도 가로의 버드나무 가로수와 조화된 복합건축물 계획에 주

1 오모테산도 전경 및 상징 가로

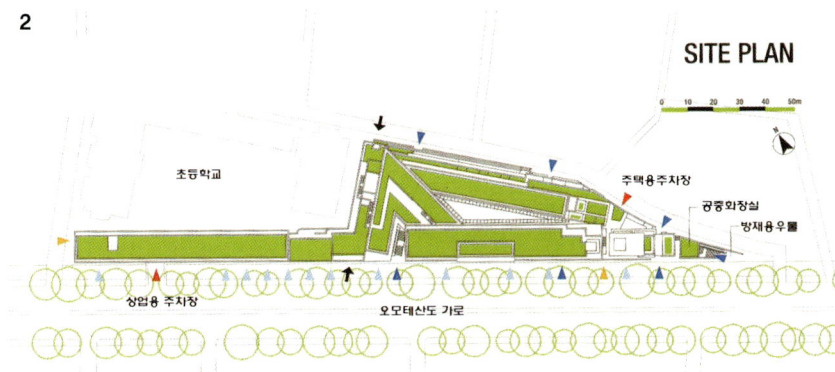

안점을 두고 디자인된 점이 특징이다. 즉 재개발사업으로 인한 고층화를 피해 건축물의 최고높이를 23.3m로 낮추었는데 시가지의 상징인 가로수의 높이와 맞추어 주변환경과의 조화를 강조하고 있다.

대상지면적은 1.2ha로 비교적 소규모이지만 일본을 대표하는 상징가로(오모테산도)에 270m나 면해있는 장방형의 대지형상으로 주변지구에 미치는 영향이 매우 큰 대지형상을 가지고 있다. 건축물은 지상 6층, 지하 6층의 복합건축물로 상업시설과 주택으로 구성되며 총사업비는 토지비를 제외하고 약181억 엔이 소요되었다.

2 배치도
3 단면개념
4 단면도

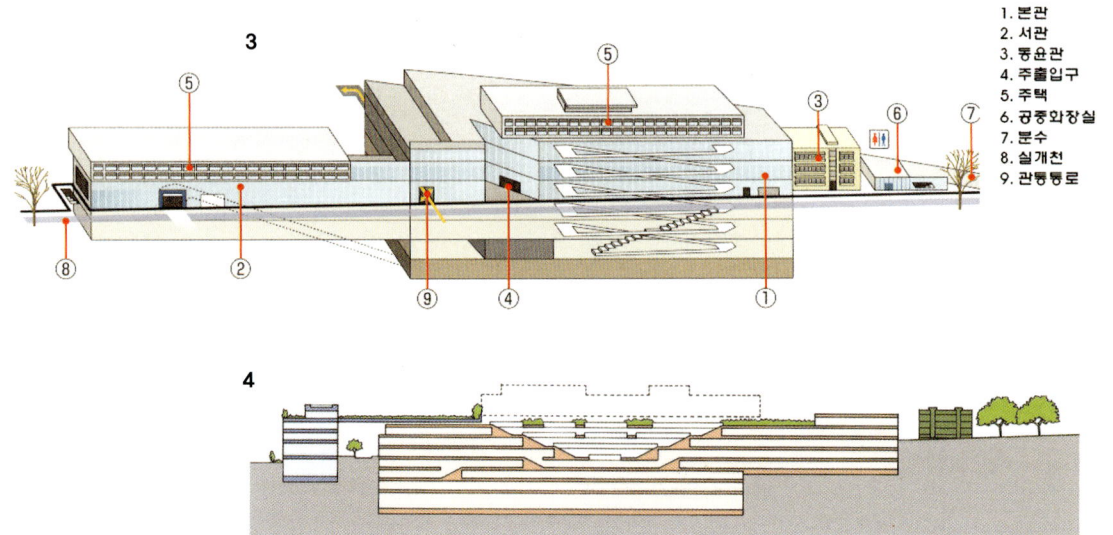

개발프로세스

도쥰카이 아오야마(青山)아파트로 유명한 이 주거단지는 1920년대 관동대지진 이후 내화건축물로 건설된 일본의 초기 모더니즘을 대표하는 아파트이다. 일찍이 도쿄올림픽이 개최되던 1968년부터 재개발에 대한 논의가 시작되어 무려 35년이라는 세월을 거쳐 재개발계획이 논의되어 왔다. 그 동안 많은 재개발계획이 진행되었지만 실현되지 못했는데, 그 이유는 아파트건축물 10동의 부지가 하나의 필지로 묶여 있어 토지소유자인 도쿄도(東京都)로부터 토지를 불하받기 위해서는 관계자 전원의 합의를 필요로 했기 때문이다.

5 도쥰카이 아오야마(青山)

그러나 1990년 초 고베지진의 영향으로 주민들 사이에서 재개발의 필요성이 급속히 대두되었다. 이후 관리조합에 의해 개발컨설팅 사업자로 일본을 대표하는 부동산 개발회사인 '모리빌딩'이 승인되면서 재개발계획이 본격화되었으며 1998년 도쿄도로부터 토지를 불하받게 되었다. 1999년까지 약 2년간은 계획안을 검토하면서 계획이 진행되었다.

설계자 안도 타다오는 초기단계에 인접한 초등학교, 아오야마 아파트, 도쿄보건회관 부지 등을 일체적으로 정비하는 계획안을 제안하였다. 일체적 계획안의 특징은 옥상교정을 포함하는 초등학교 부분의 부지는 자치구의 소유로 하고 옥상교정 아래의 부분에 대해서는 자치구 소유로 하되 민간에게 임대하는 형태(구분지상권)로 제안되었다. 하지만 실행단계에 주민들의 반대의견이 많았으며 빠른 시일 내의 재건축을 원하는 의견이 많아 이러한 논의가 실현되지 못하고 현재의 계획안으로 결정되었다.

사업수법

이 재생프로젝트는 도시재개발법에 근거한 조합시행방식의 '제1종시가지재개발사업'이다. 재개발방침 결정 후, 2001년 4월 준비조합을 설립하고 2002년 3월 도시계획 결정 후 같은 해 10월 재개발조합이 설립되었고 2003년 3월에는 권리변환계획이 인가되었다.

도시계획에 근거한 구체적인 환경정비의 사례로는 대상지 중앙부분에 전면가로(오모테산도)와 북측의 도로를 연결하는 보행자전용 통과도로(폭4m)가 정비되었다. 또 전면가로를 따라 건축물을 1m 벽면후퇴 시켜 쾌적한 보행자공간을 확보하였으며 북측 이면도로에 대해서도 보도정비, 전신주의 지중화공사 등이 실시되었다.

6-7 단지내 통과도로
8 전면가로의 벽면후퇴
9 정비된 북측 이면가로

개발주체 및 운영주체

1985년 아오야마(青山) 아파트단지 관리조합법인에 의해 본격적으로 재건축계획이 검토되었다. 법정 재개발사업으로 사업화 결정 후 아오야마(青山)아파트 지권자를 중심으로 재개발 조합이 결성되었는데 조합설립 시 권리자 수는 87명이었으며 그 대부분이 개인권리자였다.

건축물의 관리는 건물 준공 전까지 관리조합을 결성하기로 하였으며, 조합 내에는 상업부문과 주택부문을 담당하는 부문을 나누어 설치해 완공 후 시설전체를 염두에 두면서 각 부분별로 관리주체를 두어 관리하도록 했다.

권리자는 구분점포 7호, 주택23호를 구분 소유하는 것 이외에 중앙부의 오픈된 복도공간을 가지는 대규모 상업공간에 대해서는 개발컨설팅 업체인 모리빌딩을 포함하는 23인의 권리자가 공동소유하고 있다. 공동소유분에 대해서는 장기적으로 일체적 운영을 가능케 하기 위해 공유자로 권리자법인을 결성하고 거기에 자산을 신탁(민자신탁)하고 관리운영에 대해서는 모리빌딩에 위탁하도록 하고 있다.

계획 및 디자인의 특징

통일감 있는 가로경관의 연출

오모테산도라는 일본에서 가장 상징적인 도로에 270m가 면한 주상복합용도개발 프로젝트로 270m가운데 220m에 이르는 가로에 면해 유리면의 벽면 파사드가 연속적으로 전개되어 있다. 상업시설로서는 너무 간결한 느낌을 줄 수 있지만 오히려 복잡할 수 있는 전면 도시가로에 차분하게 들어서 있다.

다양한 점포가 개성을 연출하고 있는 부분은 2층 이상을 반투명하게 처리해 전체적으로 통일감을 보여주고 있다. 유리면은

10 전면가로 풍경

11 전면가로 풍경
12-13 상가 주출입구
14 반투명체 2층상가 파사드
15 가로수 배경건축으로서의
   상업건축

버드나무 가로수에 대한 배경 건축을 형성하고 오모테산도라는 상징가로의 매력을 높이는 장치물로 작용하고 있다. 220m 전면가로의 거의 중앙부에 설치된 주출입부는 전면에 큰 삼각형의 가로광장을 형성하고 있으며 광장이 상층부에 처마형태로 드리워진 주택동이 출입문의 역할을 하면서 사람들의 유입을 자연스럽게 유도하고 있다.

16 가각부 경관연출
17 지하상가부분 진출입부
18-19 보존건축물의 활용

과거의 흔적과 도시의 가각부 형성

단지가 시작되는 삼각형 형상의 부지 가각부에는 보존된 도준카이 건물동이 위치해 있는데 1927년 건설당시의 건물모습을 그대로 재현해 오모테산도 거리의 과거 기억을 재생시키는 건축적 장치물로 활용하고 있다. 또 삼각형의 대지형상에 지하상가부분으로 진입하는 출입구를 설치해 가각부의 결절점을 형성하면서 공중화장실, 랜드스케이프 장치물 등을 통해 도시의 가각부 경관을 연출하고 있다. 이 프로젝트에서 도시경관과의 조화, 도시유산의 재생을 중요한 테마의 하나로 승화시키려는 시도를 볼 수 있다.

드라마틱한 내부 상업공간

상업시설의 내부에 들어서면 드라마틱한 내부개방공간이 연출된다. 가로변의 심플한 외부 파사드와는 대조적으로 상부채광부(top light)에서 우유 빛 유리를 통과한 자연광이 대공간의 자하공간까지 내려 비치고 있다. 기존 아파트단지의 삼각형 배치형상에 따른 삼각형의 외부공간을 재현하면서 건물내부에 사람들이 모일 수 있는 개방적인 중정공간을 창출해내고 있다.

이러한 개방적 공간을 둘러싸고 '스파이럴 슬로프'라 불리는 경사도 1/20의 구배를 가진 사면가로를 형성하고 있다. 이는 외부 전면가로인 오모테산도 가로의 경사도와 같은 경사도와 보도포장을 통해 외부의 가로를 내부까지 끌어늘이면서 판매, 식음 등의 점포가 늘어서 있다. 전체길이 700m로 상업공간의 공공성과 가로공간의 도시성을 의도적으로 연출해 '제2의 오모테산도' 가로를 재현하려는 시도이다.

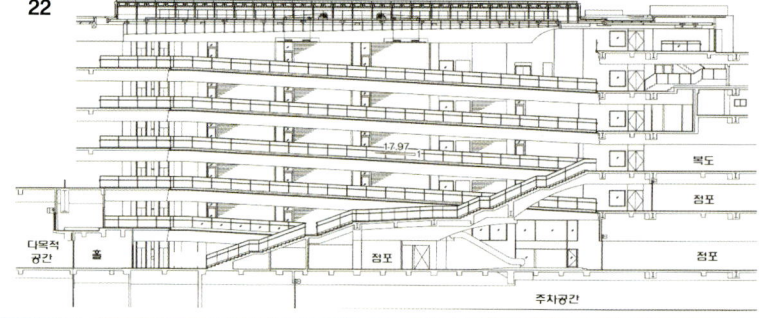

20 상가 내 가로공간
21 실내 중정공간
22 저층부 상가복도 단면도

23 다양한 조명장치
24 무대로서의 대규모 계단공간

중앙부 삼각형의 대계단은 지하3층 부분까지 연결되는데 약 500m²의 넓이를 가진 다목적 공간으로 상부 오픈된 대공간과 함께 정보발신의 중심공간이 되고 있다. 대공간에는 사면가로

에서의 시선이 집중되고 전시기능을 가지며 원격조정 가능한 다양한 조명시설, 음향시설, 영상시설 등 최첨단의 설비가 다양하게 설치되어 있다. 대규모 계단은 이벤트로 사용가능한 무대장치로 방문하는 사람들에게 자신이 무대연출의 출연자가 된 듯한 느낌을 가지게 한다.

상층부 차별화된 주거공간

주택부분은 상업시설의 상부에 위치해 있는데 서쪽동은 지상 3-4층, 동측은 지상4-6층으로 배치되어 가로수와 거의 같은 높이로 계획되었다. 주거동의 진출입은 상업시설과는 별도로 전면가로에서 직출입할 수 있도록 계획되었으며 주거자들을 위한 옥상녹화 및 테라스 녹화공간을 통해 저층부의 상업공간과는 구분되어 차별화된 주거공간을 형성하고 있다. 주택은 전부 38호인데 이 가운데 임대주택이 12호이며 원룸과 1LDK가 대부분이다. 독신자 중심의 주택으로 주택면적은 약 45-65m2의 작은 주택평면을 구성하고 있다. 주택내부에서 바라보면 대규모 테라스창문을 통해 가로수를 바라볼 수 있어 테라스의 창문이 한 폭의 풍경화 액자를 연상케 하면서 사계절의 변화를 체험할 수 있게 되어 있다. 옥상정원의 식재는 오모테산도와의 연속성을 강조하고 있다.

25 상층부 주거동
26 가로변 주거동 주출입구
27 주거 내부
28 주거 평면

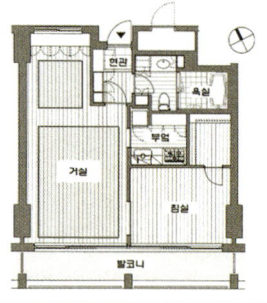

야간경관의 연출

오모테산도를 따라 배치된 건축물의 파사드는 '벽화조명(light-up wall)'으로 계획되어 발광장치(LED)를 설치해 다양한 영상표현이 가능하도록 되어 있다. 파사드에 연속적으로 흐르는 영상은 환경예술(public art)의 역할을 하면서 주변의 가로와 점포들과 어우러지게 디자인되었다. 특히 벽화조명장치는 환경연출인 동시에 가로조명의 역할도 하게 된다. 건축물 내부의 열이나 에너지가 자연스럽게 우러나오는 듯한 조명계획의 개념으로 LED를 넓은 간격으로 배치한 발광체를 제안하고 있다.

29-30 야간경관계획

SHINONOME CANAL COURT

시노노메 도시주거

TOKYO
SHINONOME

- PROLOGUE
- OMOTESANDO HILLS
- **SHINONOME CANAL COURT**
- DAIKANYAMA ADDRESS
- YEBISU GARDEN PLACE
- CANAL CITY HAKATA
- SHINAGAWA PROJECT
- SHIODOME PROJECT
- AKIHABARA PROJECT
- ROPPONGI HILLS
- NAMBA PARK
- TENNOJU ISLAND
- HARUMI PROJECT
- MARUNOUCHI PROJECT

2 시노노메 캐널 코트(Canal Court) 도시주거

프로젝트 개요

　도쿄도 코토구(江東區)는 도쿄의 임해공업지가 입지한 주공혼재지역으로 중소규모 산업시설과 주거시설이 밀집되어 있는 전형적인 도쿄의 낙후지역이다. 최근 이 지역에 산업시설의 재편과 더불어 주거지역의 도시재생이 활발하게 진행되고 있다.

　시노노메 1정목(丁目)에 위치한 시노노메 캐널코트 주거단지는 약 16ha에 이르는 부지에 도시재생기구(구 주택도시정비공단)가 사업주체가 되어 '주택시가지 종합정비사업'을 통해 약 6,000호의 공단(公團)주거를 공급하면서 지구의 재생을 시도하고 있다. 이 가운데 중앙부의 약 4.8ha의 부지를 6개의 주거블록으로 구분해 2,135호의 임대주택을 계획했는데, 일본을 대표하는 6명의 건축가(이토 토요, 야마모토 리켄 등)가 디자인 회의를 통해 도시주거의 새로운 모델제안을 시도하면서 전체적인 도시주거단지를 형성해 간 지구이다. 즉, 도심거주자를 위한 주거공간을 만들어 간다는 기본 테마를 가지고, 일과 주거가 분리되지 않는 생활방식(일과 거주가 하나가 되는 생활방식)을 제안

1　코단 시노노메 전경
2　시노노메 단지모형

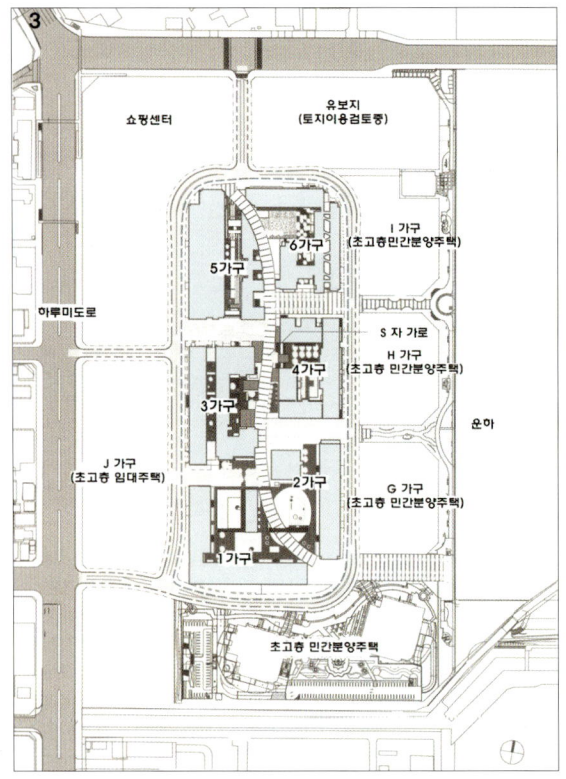

3 배치도
4 2개층 테라스
5 복도공간의 채광

했다. 예를 들면 주호평면계획에서 거주와 일이 동시에 수행될 수 있는 Annex room이나 SOHO공간 등이 본격적으로 제안된 사례이다. 특히, 도심부 준공업지역의 도시재생을 시도하면서 주거이외의 새로운 산업기능 유치를 통해 복합주거단지로서의 새로운 가능성을 시도한 도시주거단지라 할 수 있다.

계획 및 디자인의 특징

고밀도 블록형 도시주거의 형성

도심부에 가까운 입지조건 등으로 주거단지 밀도는 400%가 넘는 대단히 높은 밀도를 보이고 있지만 주거동 대부분은 14층으로 구성되어 있다. 높은 밀도 수준에 대응하기 위해 6개의 주거블록으로 구분하고 도시형의 '블록형 주거형식'을 제안하면서 주동형식에 있어서도 중복도나 양복도 방식 등을 통한 밀도 증가에의 대응 그리고 저층고밀주동을 통해 층수의 증가를 최대한 억제하고 있다.

반면 이러한 저층고밀 주거방식이 가져다 줄 수 있는 공간적 협소감이나 활동 공간의 축소를 최소화하기 위하여 공용공간은 인공데크를 이용하여 확보하고 그 하부에는 보행전용 도시가로

6 통일된 단지 스카이라인

를 유입해 이에 인접해 생활지원시설, SOHO공간 등을 배치하고 있다. 또한 주거동의 위압감을 줄이고 중복도 공간의 채광을 위하여 2개층 높이의 테라스를 리듬감 있게 배치하여 복도공간의 채광은 물론 입면의 변화, 주거동의 위압감 해소를 도모하고 있다.

시노노메 캐널 코트는 가구블록 방식을 기본 배치형식으로 가지고 있지만 폐쇄적인 도시가구블록이 아니라 주거동과 주거동 사이 공간을 적극 활용하여 단지 외곽의 도시공간과 유기적인 연계를 추구하고 있다. 당초 기본 설계안은 상당히 폐쇄적인 고층위요형으로 작성되었는데 이 단지의 설계에 참여한 6개사의 참여 건축사무소에서 디자인회의(A가구를 설계한 야마모토 리켄이 디자인 어드바이져로서 디자인회의를 주도)를 통해 이를 개방적인 가구블록으로 조정하기로 결정하고 주변도시공간에 적극 대응하는 공간구조를 추구하는 방식으로 변경했다. 단지 전체의 스카이라인 또한 일정한 높이의 주거동계획을 통해 통일감 있는 경관스카이라인을 형성하고 있다.

고밀도의 도시주거를 형성하기 위해 '시가지유도형 지구계획' 수법을 도입해 도로사선제한을 완화하고 일영규제의 제한도 폐지했다. 외연부의 건축물 높이를 47m이하, 내측 건축물을 38m 이하로 정하고 외연부의 건축물 벽면선을 지정하고 있다.

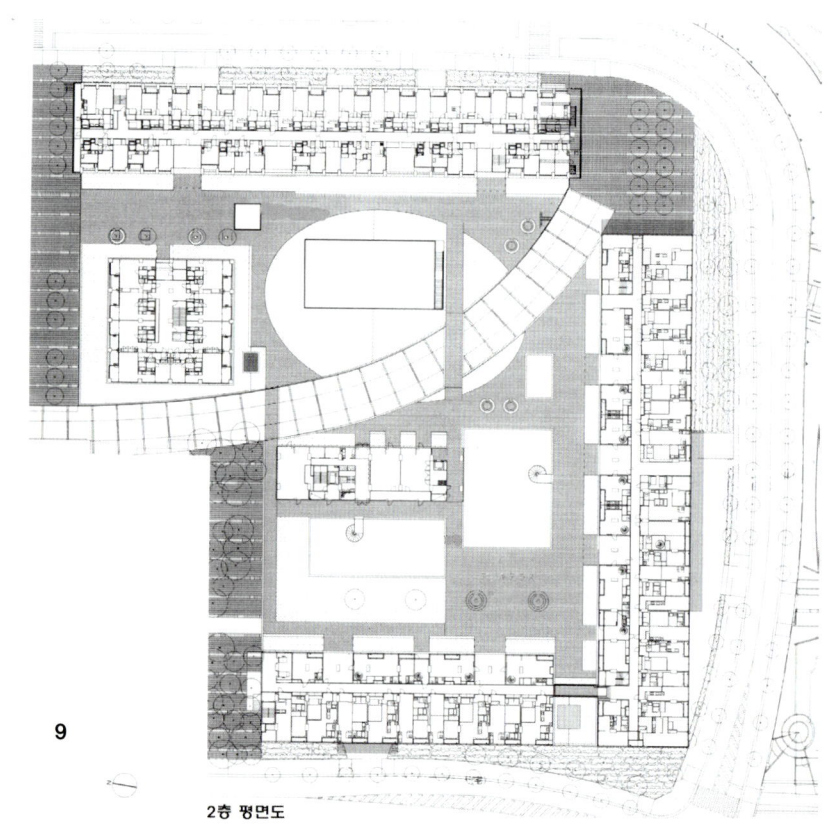

7 인공데크에서 바라본 주동
8 인공데크 공용공간
9 블록형 도시형주거 평면도
  (1가구)

2층 평면도

'단지'에서 '도시'로: 도시가로의 유입

주거지계획에 있어서는 종전의 주거단지가 가지는 폐쇄적인 거주환경을 개선하기 위해 주변지구에 열린 주거도시를 만들려는 시도가 이루졌다. 즉 기본계획 단계에서 지구를 관통하는 S자형 도시가로를 의도적으로 유입해 주변지구와의 연계를 도모하고, 유입된 도시가로변에는 다양한 도시지원시설을 배치해 도시의 공공성을 높이며 도시형 주거클러스터에 의한 단지 내 가로경관을 연출하고 있다.

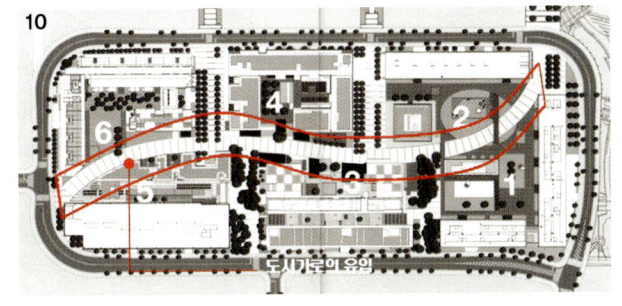

10 도시가로의 유입
11 단지를 관통하는 S자형 도시가로

개방적인 단지구성

단지 내 S자형의 도시가로 진출입부 이외에 주변지구에 면한 가로변으로는 산업시설 등 새로운 기능의 도시시설을 유치할 수 있는 오피스시설을 배치하고 가로에 면한 다양한 부진입부, 주거동 직출입부 등을 형성해 개방적인 주거단지를 형성하고 있다.

단지 내 시설용도별 진입구성 또한 도시가로를 따라 상업 및 커뮤니티시설의 진입부가 구성되고, 주거동의 진입은 가로직출입, 데크상부의 중정에서의 진입, 주차장에서의 진입 등 상업동선과는 분리되어 있다. 또 단지를 남북으로 연계하는 녹지축이 형성되어 외부도로에서 진입부(진입광장)를 구성한다. 이와 같이 단지 내 유입가로, 녹지공간 등을 통해 주거블록을 형성하면서 외부에 열린 도시주거를 시도하고 있다.

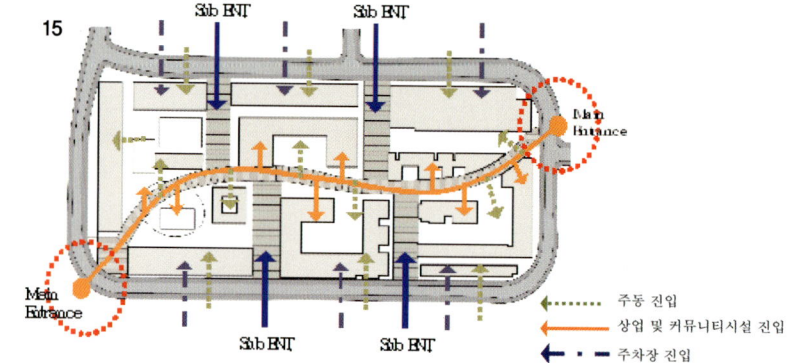

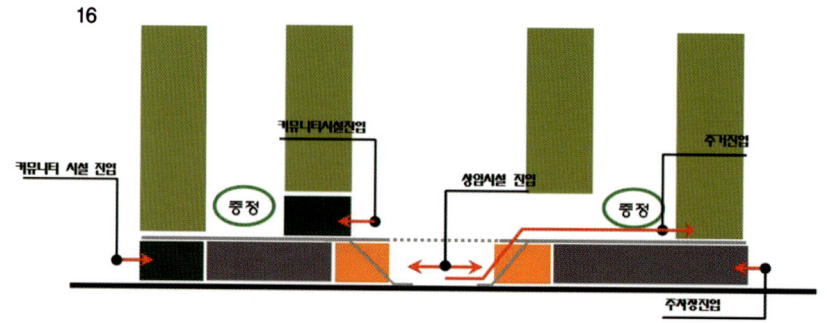

12 가로변에 면한 주거동 직출입부
13 직출입주호
14 도시가로변 데크진입과 주차장 진입구
15 진출입 동선 체계도
16 진출입 단면개념도

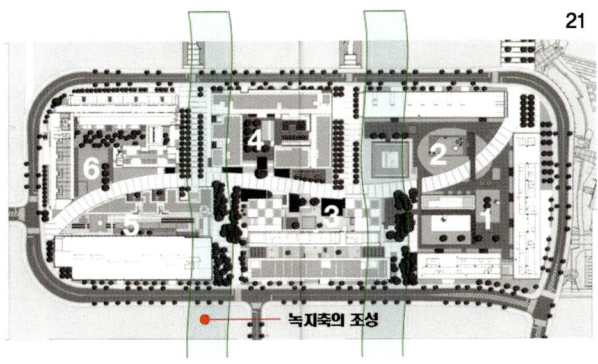

17 단지진입부
18 진입광장
19 저층부 커뮤니티 시설
20 가로변 저층부 오피스텔
21 녹도축의 조성개념
22 녹도축의 조성

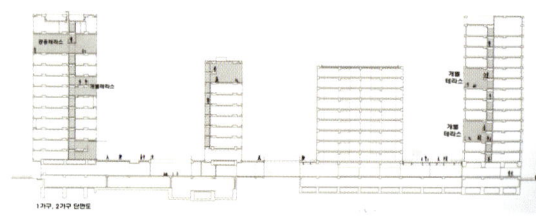

저층부 도시지원시설을 통한 가로경관의 활성화 도모

단지의 저층부는 주변가로에 면한 부분과 유입된 S자형 도시가로에 면한 부분으로 나누어지는데, 우선 주변가로변 저층부는 새로운 산업수요에 부응하는 업무, 상업 관련시설을 배치해 도시가로의 활력을 도모하고 있으며, 지역주민의 공동체 형성을 위한 커뮤니티 시설 등 다양한 도시주거지원시설이 단지내 S자형 도시가로변으로 집중 배치되어 있다. 이러한 도시지원시설의 상층부는 중정형의 데크공간을 형성해 블록별 주민들의 공용공간(common space)을 형성하고 있으며 중정공간에 면해 알파룸, 일부 커뮤니티시설을 도입해 중정의 활성화를 도모하고 있다.

23 저층부 도시지원시설 프로그램
24 단지의 단면구성
25 저층부 편의시설 및 커뮤니티 시설

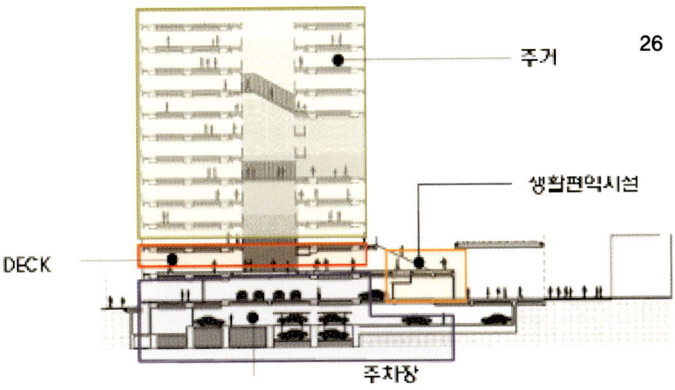

26 편의시설 및 커뮤니티시설 조성개념
27 단지 내 다양한 편의시설 및 커뮤니티시설

시노노메 캐널 코트 도시주거

세련된 옥외공간 랜드스케이프

고밀도 주거공간에 있어 옥외녹지공간은 개성적인 주거동을 하나로 통합하고 커뮤니티 공간으로서 도시공간을 완성시키는 중요한 역할을 하게 된다. 단지 내 S자형 도시가로를 축으로 주거블록의 사이의 보행자 유입공간, 데크상부의 중정공간 등 다양한 외부공간이 도심형 주거단지에 어울리는 세련된 디자인으로 제안되었다.

28 녹지 및 조경공간

우선, 폭 약10m의 S자형 도시가로는 의도적으로 단순화한 디자인으로 활동적인 가로공간을 연출하고, 단지의 진입부가 되는 외부로부터의 진입공간은 그 성격에 따라 진입광장, 녹지 포켓 파크 등을 창출하고 있다. 또 데크 상부의 중정공간은 지나치게 단순할 만큼 간결한 목재데크와 포인트 조경수, 잔디녹화를 통해 모던한 이미지를 창출하고 있다. 특히 외부 조경공간은 도시주거에 어울리는 목재데크, 철제난간, 현대적 감각의 벤치 등을 통해 다양하고 세련된 디자인 요소를 도입하고 있다.

29 외부 조경 및 휴게공간

입체 데크공간에 의한 생활공간의 영역화

주변가로 및 유입된 단지 내 도시가로에 의해 부여된 대상지의 공공적 성격에 반해 사적성격의 주거영역에 대응하기 위해 블록별 중정데크공간을 통한 영역의 분리와 대상지의 입체적 구성을 도모하고 있다. 보행가로와 생활지원시설, 데크 그리고 이에 접하는 주거동은 각각 별도의 단지구성요소라기 보다는 이들이 일체가 되어 이루어지는 하나의 공간조직을 형성하고 있다.

주거동은 중정데크와 일체가 되어 데크레벨에서 바로 주거동 진입이 이루어지고 1층 주거 역시 데크레벨에서 형성되어 개방적인 장소를 갖는다. 각 주거동은 보행로를 따라 배치되어 있어 결과적으로 S자형 도시가로를 위요하는 방식으로 배치되며, 이들이 중정데크와 보행로를 연계하여 하나의 복합된 입체적 공간 체계를 만들어 낸다. 중정데크 하부는 주차장과 일부 도시지원시설이 위치하고 있다.

30 입체데크의 구성

보행자동선과 차량동선의 체계적인 분리

차량의 진출입은 주변도로에서 직접 주차장으로의 진출입이 이루어지도록 되어 있으며 보행자동선의 경우 주변가로에서의 직출입 또는 유입된 도시가로에서 중정을 통해 진출입하도록 함으로써 차량과 보행자의 동선분리를 도모하고 있다. 주차공간은 블록별로 계획되어 있으며 지상부에 개방되어 지하주차장의 단점을 극복하고 있으며, 일부 개방된 주차벽면의 시각적 경관고려는 주차장벽면의 세심한 디자인으로 해결하고 있다.

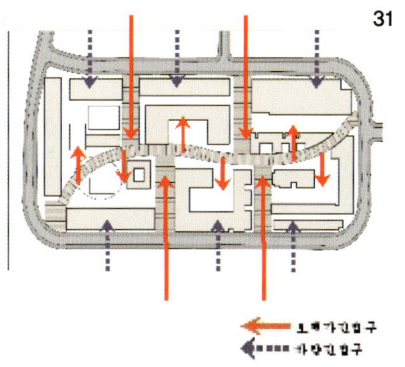

31 차량 및 보행동선도
32 차량입구
33 주차장 벽면처리
34 데크 하부의 주차장

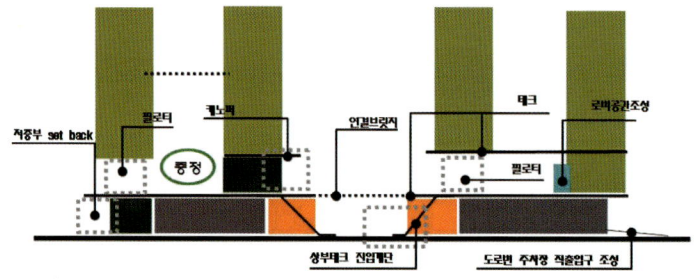

가로경관의 활성화를 위한 다양한 시도

가로경관의 활성화를 위해 저층부의 다양한 도시지원시설과 커뮤니티 관련시설 프로그램의 설치와 더불어, 도시건축의 공간 및 형태구성을 통해 가로경관의 다양성을 연출하고 있다. 예를 들면 도시가로의 공공성과 도시주거의 거주성 확보를 위해 도시가로와 건축물의 매개공간은 저층부 셋백, 차별화된 가로변 직출입 공간형성을 도모하고 있으며, 도시가로와 데크공간의 입체적 연계를 위해 필로티공간, 직선계단, 곡선의 유선형 계단, 연결브릿지 등 매개공간의 다양한 공간형태를 제안하고 있다.

35 가로구성 단면개념도
36 필로티 주동진입부
37 중정의 연결브릿지
38 중정과 S자형 가로의 매개
   공간에 면한 커뮤니티시설
39 공용공간에 면한 갤러리

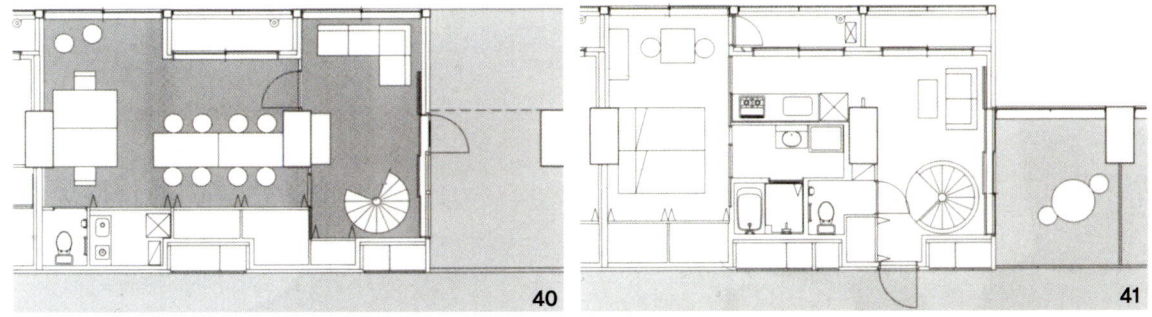

40
41

거주자의 다양한 수요에 부응하는 주거단위계획

주거단위계획에 있어서는 블록별로 유명건축가에 의해 다양한 새로운 제안이 시도되고 있다. 모든 주거블록이 종전의 'nLDK'의 고정적인 평면계획에서 탈피해 프라이버시와 퍼블릭의 관계성을 재구축하려고 시도하고 있다. 거주와 일이 동시에 수행될 수 있는 알파룸, f-룸(foyer room), Annex room, SOHO세대 등의 단위세대 디자인을 적극적으로 도입하고 있다. 즉, 핵가족을 위한 주거에 중점을 두면서 소규모 오피스, 주거 겸용 오피스(SOHO)등으로 사용 가능하도록 계획된 진입부 알파룸은 중복도에 면한 현관부분에 현관문이나 벽의 일부를 투명유리로 처리해 갤러리, 작업공간, 아뜨리에 등으로 활용할 수 있도록 하고 있다. SOHO 주택은 2층 중정에 면해 작업공간, 개인사용공간이 설치되어 각각 출입구를 가지며 독립성이 높은 쾌적한 직주환경을 형성하고 있다. 테라스 알파룸은 공용 테라스에 인접한 알파룸으로 거주자의 필요에 따라 유연하게 이용할 수 있는 공간이다.

특히, 고층고밀의 집합주택에 있어 커뮤니티형성에 중점을 두어 거주자들이 공유하는 공용공간(common space) 계획에 새로운 제안을 하고 있다. 별동 알파룸은 공용복도를 사이에 두고 복도 건너편에 설치된 알파룸이다. 알파룸에는 방음성을 높인 방이나 일본식 다다미방 등으로 사용할 수 있다.

40 공용테라스에 면한 단위주거 상층 평면도
41 공용테라스에 면한 단위주거 하층 평면도
42 주거동 입구부에 면한 알파룸

개성 있는 주거동 입면 파사드 디자인

가구블록별로 14층이라는 주동층수의 통일감은 자칫 단조로운 건축물 외관과 스카이라인을 형성할 수 있다. 이러한 점을 충분히 고려해 저층고밀의 도시주거 형성에 있어 주거동의 위압감을 줄이고 중복도 공간의 채광을 위하여 2개층 높이의 테라스를 리듬감 있게 배치하여 복도공간의 채광은 물론 입면의 변화를 통한 다양한 입면테라스를 제안하고 있다. 또 주거동입면의 자연스러운 분절과 연속발코니 재료사용의 차별화, 발코니 색채계획 등을 통해 다양한 주거동파사드를 연출하고 있다.

43 1블록 주거동
44 2블록 주거동
45 주거동의 경관테라스

다이칸야마 어드레스

TOKYO
DAIKANYAMA

DAIKANYAMA ADDRESS

- PROLOGUE
- OMOTESANDO HILLS
- SHINONOME CANAL COURT
- **DAIKANYAMA ADDRESS**
- YEBISU GARDEN PLACE
- CANAL CITY HAKATA
- SHINAGAWA PROJECT
- SHIODOME PROJECT
- AKIHABARA PROJECT
- ROPPONGI HILLS
- NAMBA PARK
- TENNOJU ISLAND
- HARUMI PROJECT
- MARUNOUCHI PROJECT

3 다이칸야마(代官山) 어드레스 도시주거단지

개요

도쿄시내 중심부에 위치한 다이칸야마 도시주거단지는 종전 '도쥰카이(同潤會)' 아파트지구로 1930년대 건설된 5층의 철근콘크리트 아파트(우리나라 주공아파트와 유사한)가 위치하던 곳으로, 1990년대 들어 재건축이 본격적으로 이루어지게 되었다. 이 단지가 위치한 곳은 일본에서도 고급주거지로 유명하며 고급상가가 밀집하여 젊은이들의 패션거리로도 알려져 있다.

이 주거단지의 재생(재건축)에 있어서는 종전의 단지형 아파트에서 탈피해 주변지구와 어우러진 도시형주거단지를 형성하면서 주택단지에 의한 도시재생의 새로운 패러다임을 제시하고 있다. 구체적으로는 주거동 부분의 극히 부분적인 독립적 진출입공간을 확보해 폐쇄성을 최소

1 다이칸야마 전경
2 대상지 주변현황

1 중앙광장
2 상업몰
3 진입광장
4 주거공간
5 지역커뮤니티시설
6 다이칸야마역 연결입구
7 랜드마크타원
8 차량출입구

3 다이칸야마 도시주거 배치도
4 경관구성도와 스카이라인 개념도

화하고 주거기능 이외에 다양한 부대시설, 상가시설, 지역커뮤니티시설 등의 시설프로그램을 도입하고 있다. 특히, 저층부에는 상업시설을 배치해 가로공간의 활성화를 도모하고 가로공간과 일체화된 개방적인 공원과 공개공지를 형성하고 있다. 이처럼, 다이칸야마 도시주거는 종전의 단지형 주거단지를 재건축하면서 도시형 주거클러스터로 재생한 대표적인 도시주거 프로젝트 사례라 할 수 있다.

경관만들기의 특징

다양한 주거동의 변화에 의한 스카이라인 형성

지구 내 주거동 계획에 있어 초고층주거동, 중고층 주거동, 중층주거동 등 다양한 주동구성을 통해 자연스럽게 다양한 주거단지 스카이라인을 형성하고 있다. 주변 가로변으로는 휴먼스케일을 고려한 중저층의 건축물매스를 배치하고 있으며 특히 지구의 랜드마크가 되는 고층의 주동이 단지의 중심에 위치해 대상지에 대한 시각적 인지와 중심성을 부여하며 중층타워부분

5-6 랜드마크타워 조성
7 저층부 구성
8 대상지 내 연결브릿지 형성
9 저층부 상업시설

과 주변의 저층 건물과의 매스볼륨감에 대한 전이적 역할을 하고 있다.

개방적인 단지 저층부계획

저층부는 단지 내 공공성 확보를 위해 단지 내 주민들은 물론 일반시민들도 이용할 수 있는 상점시설을 배치하면서 진입광장, 상점몰, 중심광장 등 다양한 외부개방공간을 구성하고 있다. 저층부의 회유동선을 위해 선큰계단, 연결브릿지 등을 조성해 저층부의 입체적 활용을 적극적으로 제안하고 있다.

주변지역과의 연계계획

대상지는 다야칸야마 역과 인접해 있는데 마스터플랜에서 인접 전철역사와의 효율적인 연계를 위한 별도의 보행자육교를 제안하고 있다. 또 인접대지와의 연계를 위해 도시적 상업기능의 유입을 도모하는 보행자몰을 조성하고 있으며, 보행자몰의 진입구가 위치한 가로변은 다양한 가로상가를 배치해 주변지구 가로상가와의 연속성을 도모하고 있다. 또한 대상지 주변지구는 중저층의 가로변상가가 2차선의 가로공간을 따라 늘어서 있는데 이러한 주변지구의 컨텍스트를 충분히 고려해 지구 내 가로변에 위치한 상점 및 주거동 건축물은 층수 및 매스볼륨 계획에 있어 주변지구와의 경관적 조화를 실현하였다.

10 상업몰과 다이칸야마역을 연결하는 브릿지 조성
11-12 연결 브릿지
13-14 가로변 상가 배치

입체적 위계적 단지구성

지구의 진입부는 주거지진입과 상업몰 진입으로 나누어지는데, 주거시설의 경우 별도의 주거지 출입구, 가로변을 통한 직출입구 또는 보행자몰이나 중심광장에서의 중간영역을 거쳐 진입하는 방식 등 거주자의 프라이버시를 확보하면서 주거동으로의 진출입이 가능하도록 배려하고 있다.

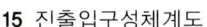

상업몰의 경우, 일반인들을 위한 공간으로 대상지 코너에 위치한 환경조형물을 통해 주진입부가 인지되며 이를 통해 유입된 보행자는 대상지 내부에 조성된 보행몰 및 중심광장으로 이어지는 보행자 축을 형성하게 된다. 이 보행자축은 다시 단지 내 공원, 인접 전철역사로 이어지게 되어 있다. 단지의 개방성을 확보하기 위해 저층부는 상가, 지역커뮤니티시설, 중

15 진출입구성체계도
16 다이칸야마 아도레스 지구의 공간구성
17-18 개방된 가로공간

심광장 등 공공성이 높은 시설을 배치되고 상부에는 주거시설이 자리하고 있다. 특히 거주자들을 위한 부대복리시설(수영장, 커뮤니티시설 등)은 지역커뮤니티시설로 개방되어 지역주민들이 함께 할 수 있는 지역시설로 계획되어 있으며 선큰공간을 통해 일반인들에게도 시각적으로 개방되어 있다.

이와 같이 단지구성에 있어 주변지역의 여건을 충분히 고려하면서 주거기능과 상업기능, 지역커뮤니티시설 등을 입체적 위계적으로 배치하고 있는 점이 특징이다.

가로경관의 활성화

폐쇄된 단지에서 탈피해 도시형주거 클러스터를 형성하기 위해 주변가로변에 적극적으로 상업시설, 오픈카페 등을 배치해 가로공간을 활성화하고 있으며, 가로의 가각부에는 개방적인 가로광장, 가로공원 등을 배치해 가로의 다양한 경관연출을 도모하고 있다.

가로변 상가계획에 있어서도 가로와의 단차를 해결하기 위해 선큰공간, 계단, 가로회랑 등을 적극적으로 도입해 획일적인 가로경관을 탈피하고 보행자들에게 다양한 가로경관의 체험이 가능하도록 연출하고 있다.

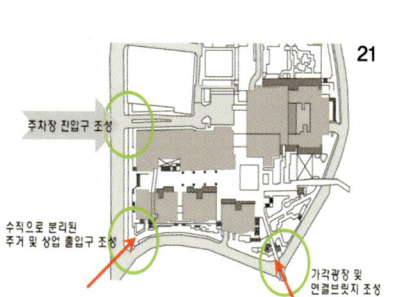

19 전면 진입광장부
20 단지 내 중심광장
21 가로와 연계배치된 프로그램 계획
22-25 가로변 프로그램 배치

지역 커뮤니티시설의 도입

거주자를 위한 부대복리시설이 저층부의 상가시설과 일체화되어 단지의 저층부를 형성하고 있는데, 이러한 주민 커뮤니티 시설이 단순히 단지 거주자들만의 시설이 아닌, 지역 주민의 커뮤니티 시설로 사용할 수 있도록 계획되어 커뮤니티의 활성화와 지역주민의 편의를 도모하고 있다.

26-31 지역커뮤니티시설 및 부대복리시설

다이칸야마 어드레스

단지 내 외부공간의 공유

단지 내 공원, 공개공지 등이 단순히 단지 내 공공시설이 아닌, 주변가로에 면하게 설치해 개방성을 높이도록 계획되었다. 특히, 가로와 건축물과 연계된 부분에 보행자중심의 가로환경 조성을 위해 포켓공원을 배치하여 보행자 및 상점 이용자의 휴게역할을 하도록 하고 있다. 한편, 거주자들을 위한 단지 내 공원은 이러한 가로공원과는 별도로 계획되어 거주자의 공공공간으로 활용될 수 있도록 하고 있다.

32-33 단지내 포켓공원

독립적 주거공간 계획

상업몰 부분과는 별도로 주거부분의 진입부 및 옥외공간이 정적인 공간으로 별도로 조성되어 거주자들에게 프라이버시를 확보할 수 있도록 하고 있다. 또한 상업몰에서의 거주지로의 진입의 경우 투명한 가로벽을 설치해 주거부분의 영역성을 확보하고 있다.

주거동 부분에 있어 극히 부분적인 독립적 진출입공간을 확보하면서 폐쇄성을 최소화하고 주거동 저층부에는 다양한 부대시설을 배치하여 시각적으로 외부에 개방된 디자인 계획을 제안하고 있다.

34-35 Entrance & facade
 디자인
36-37 주거부분의 옥외경관조성
38 독립된 주거부의 진입구 구성

건축디자인

저층부의 상업시설은 개방적인 시설디자인을 위해 투명한 재료를 사용하면서 중심광장, 브릿지 등의 바닥 포장재료 및 패턴과의 통일감을 형성하고 있다. 주거동은 중층 및 초고층 주거동의 일체화된 재료 및 건축요소의 디자인을 통해 단지 전체의 조화를 도모하고 있다.

즉, 저층부 상업시설의 투명한 건축디자인과 상층부 주거동의 매스볼륨감을 강조한 차별화된 디자인을 통해 건축의 대비와 조화를 실현하고 있다.

40-41 주거동과 부대시설

가로시설물계획

스트리트 퍼니쳐, 예술장식품, 디자인된 보행자육교의 설치 등을 통해 가로공간의 다양한 개성을 연출한다. 이러한 가로시설물은 상업공간의 진입부, 주거공간의 가각광장, 가로공간의 영역성 확보 등 단지 내 경관 및 공간영역의 의미를 부여하면서 세련된 디자인으로 가로의 활성화에 기여하고 있다.

42-44 스트리트 퍼니쳐

2 대규모 공장이적지의 계획적 도시재생

사례-4. 에비스 가든 플레이스
사례-5. 캐널시티 하카다

YEBISU GARDEN PLACE 4

에비스 가든 플레이스

TOKYO
YEBISU GARDEN PLACE

- PROLOGUE
- OMOTESANDO HILLS
- SHINONOME CANAL COURT
- DAIKANYAMA ADDRESS
- **YEBISU GARDEN PLACE**
- CANAL CITY HAKATA
- SHINAGAWA PROJECT
- SHIODOME PROJECT
- AKIHABARA PROJECT
- ROPPONGI HILLS
- NAMBA PARK
- TENNOJU ISLAND
- HARUMI PROJECT
- MARUNOUCHI PROJECT

4 에비스 가든 플레이스

개요

　전체부지면적 약 8만2천㎡, 전체 연면적 약 47만 6천㎡로 삿포로 맥주공장 이적지를 이용해 개발한 도심재개발프로젝트로, 일본이 거품경제가 한참 전성기이던 1980년대 후반에 본격적으로 개발이 시작되어 1994년에 완성되었다. 당시 약2,950억엔을 투자해 건설한 대규모 도시복합프로젝트이다. 이 프로젝트가 위치한 에비스지구는 도쿄의 대표적인 부도심인 시부야지구에

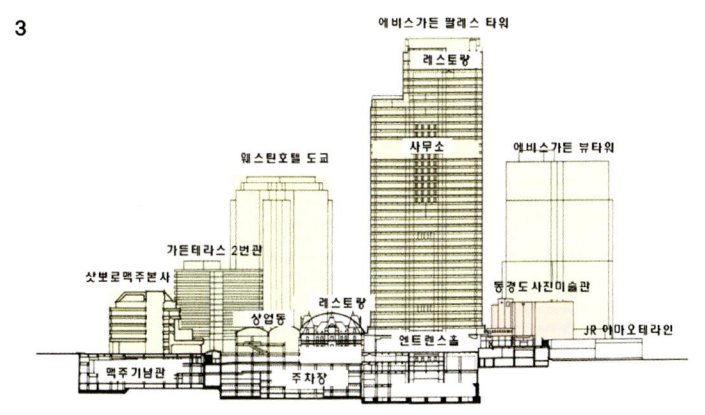

1　에비스가든 플레이스 조감도
2　에비스가든 플레이스 전경
3　지구 단면구성도

4

인접한 지역으로 그동안 맥주공장이 있어 주변지구가 침체해 있던 지구가 도시복합프로젝트를 통해 도심재생의 촉매 역할을 하게 되었다. 전체지구는 약15m의 도시계획도로로 양분되어 2개의 블록을 형성하고 있다. 전면 블록 쪽으로 임대오피스, 삿포로맥주 본사사옥, 대형점포, 맥주 레스토랑(비어홀) 등을 건설하고 뒤쪽 블록에는 호텔과 주택동 등을 배치하고 있다.

4 지구 배치구성도
5 랜드마크 타워

개발프로세스

본 지구의 삿포로맥주 공장 재개발계획이 추진된 것은 1984년 도쿄도가 지구주변을 대상으로 '에비스지구 정비계획 기초조사'를 실시하면서 시작되었다. 정비계획방침에 따라 1987년 공장이적지의 재개발구상과 공장의 이전계획을 발표하면서 실질적인 프로젝트가 시작된 것이다.

1988년 도쿄도의 '특정주택 시가지종합정비촉진사업'에 근거해 공장을 포함하는 약 40.6ha의 정비계획이 책정되고, 2개의 신규 도시계획도로가 결정되어 공장이적지의 용도용적이 변경되었다.

대상지의 기본적인 변경결정과 더불어 재개발계획의 개념과 시설계획의 검토가 진행되어 '물과 녹지와 정보문화도시'를 테마로 구체적인 마스터플랜 계획이 진행되었다.

1989년부터는 프로젝트의 실시단계에 들어가 기본설계에 근거해 환경영향평가 절차, 개발허가(도시계획법에 근거한), 종합설계제도에 의한 건축인허가 수속 등 각종 인허가 프로세스가 진행되었다. 1990년10월 공장해체에 착수해 1991년8월 건설공사 착공, 1994년8월에 준공을 맞이하게 되었다.

이처럼, 단기간에 대규모 복합개발 프로젝트가 완성되게 된 것은 개발 프로세스 단계에 주변지역 주민과의 원활한 관계를 위해 약 140회에 가까운 주민설명회를 통해 지역주민의 원활한 이해가 뒷받침이 되어 가능한 일이었다.

사업수법

이 프로젝트는 총 사업비 2,950억 엔이 소요되었는데 이 가운데 건설비가 2,200억 엔을 차지한다. 사업비 가운데 주택공단으로의 토지매각분, 주택분양비 등이 약 500-600억원을 차지하고, 나머지는 금융기관을 통한 자금조달이라고 하는 사업주체에 의한 기업자금조달에 의해 사업이 진행되었다. 준공 후 약 17-18년을 상환기간으로 설정해 두고 있는데 현재 대부분이 계획대로 상환이 이루어지고 있다. 사업수법에 있어 특징적인 것으로는 '특정주택 시가지종합정비촉진사업' 가운데 '시가지주택 총합설계제도'와 '1단지 인증제도'이다. 도시계획도로의 경우 원칙적으로 매수방식에 따르지만, 일부 자치구가 소유한 도로용지는 사업주체가 무상으로 자치구에 제공하고 있다. 또 문화시설, 공원, 도쿄도 사진미술관 등을 정비해 도쿄도를 비롯해 자치구에 무상으로 기부체납하고 주택용지 1,500m^2에 대해서도 자치구에 무상제공하고 있다. 또 하나의 계획적 특징으로는 에비스역에서 대상지에 이르는 수평에스컬레이트 '스카이 워크'의 정비를 들 수 있다. 대상지에서 에비스역까지 약 500m의 거리를 건설비 20억엔과 더불어 역사 정비까지를 사업주체인 에비스 맥주공장 측에서 부담하고 있다.

계획 및 디자인의 특징

주변지역과의 일체화된 복합개발

지구전체의 공공성을 높이기 위해 단지 저층부는 다양한 상업시설을 유치해 일반시민들이 이용할 수 있도록 계획하였다. 저층부는 진입광장 및 중앙중심광장과 연계해 저층부 가로상가몰을 형성해 외부공간과 건축물의 연계를 위한 완충공간의 역할을 하고 있으며 도시가로의 확장적 개념으로 단지전체의 개방성을 높이고 있다. 특히 단지중심의 중앙광장에는 공개공지를 형성해 일반시민들에게 열린 공간으로서의 공개공지를 확보하고 있다. 휴먼스케일을 고려한 근경에서의 저층부 계획과 공개공지 상부의 투명루프 조성을 통해 주변도시와의 일체화된 도시만들기를 시도하고 있다.

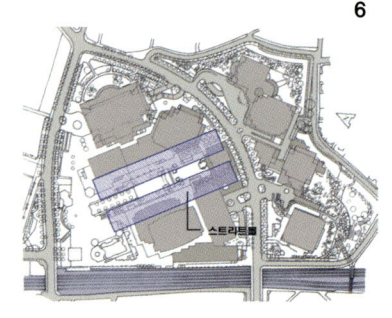

6 저층부 스트리트몰의 위치
7 지구의 공간구성

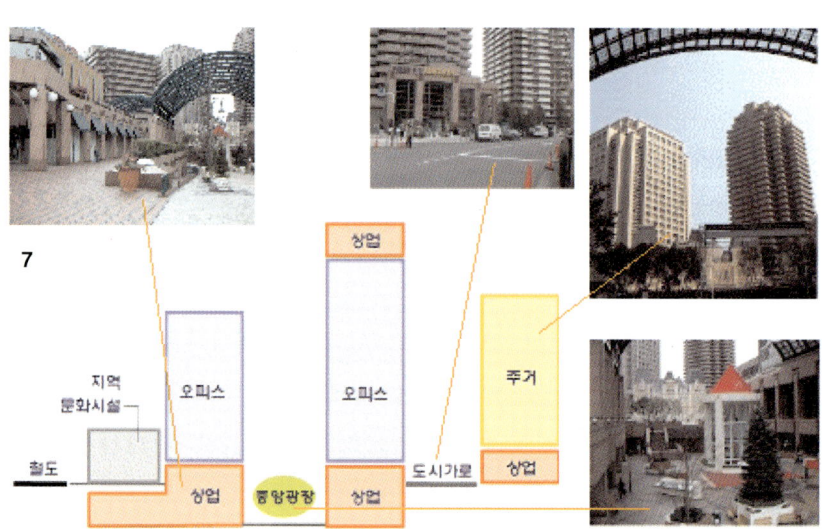

8-11 저층부 스트리트 몰
12 중앙광장의 위치
13-14 중앙광장

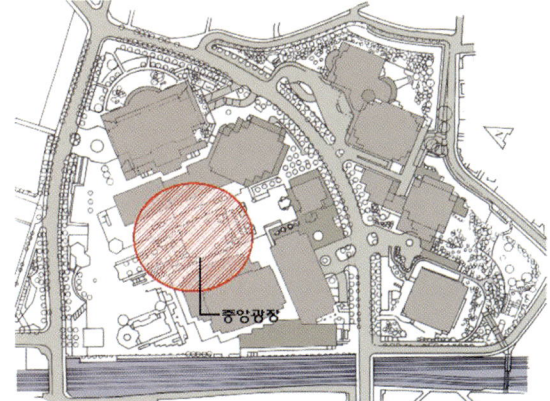

에비스 가든 플레이스 77

15 지구의 다양한 스카이라인 형성

지구전체의 스카이라인은 초고층의 랜드마크 타워와 주거동의 고층부, 저층부의 본사사옥 등으로 구성된다. 주변지구가 주택시가지인 점을 고려해 주변부에의 압박감을 최소화하면서 지구의 인지성을 극대화할 있는 타워동의 도입 등 다양한 스카이라인 형성을 도모하고 있다.

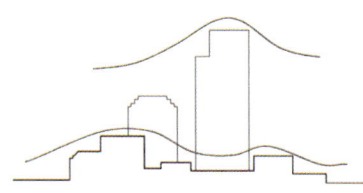

15 스카이라인 구성
16 스카이라인 경관구성
17 랜드마크 타워
18 저층·중층 건물의 조화

전철역에서의 접근을 위한 인프라 구축

JR에비스역에서 가든 플레이스를 연결하는 수평 에스컬레이터가 조성되어 대상지의 1층부와 전철역사가 직접 연결되도록 계획되어 있다. 즉 에비스지구는 전철역사에서 약 500m 떨어져 있어 단지진입에 어려움을 극복하기 위해 사업자가 당시 약 20억 엔의 건설비를 투자해 정비했다.

19-22 수평에스컬레이터
23 JR에비스역과 진입광장을 연계하는 수평에스컬레이터 조성
24 사진미술관
25 영화관

지역문화시설의 도입

사진미술관, 다목적 홀, 영화관 등 다양한 지역문화시설을 도입해 지역의 활성화를 도모하고 있다. 건물의 건설비용은 사업자가, 내장비용은 지자체(도쿄도)측에서 각각 부담하였고 시설 그 자체를 삿포로맥주가 도쿄도에 기부해 도쿄도가 시설을 운영하는 형태로 계획되었다.

도시계획도로의 유입을 통한 단지 개방성 확보

전체지구는 약 15m의 도시계획도로가 대상지 내로 유입되어 2개의 블록을 형성하며 이를 통해 주변지역과 연계를 유도하여 도시성이 있는 개방적 단지 마스터플랜이 수립되었다. 즉 가로에 면해 가로공원을 조성하고 거주자를 위한 가로상가를 계획해 가로의 활성화를 도모하고 있다.

유입된 도시계획도로를 중심으로 상업 및 업무존과 주거존으로 분리 구성해 주거의 프라이버시를 최대한 확보하고 있다. 즉, 전면 블록 쪽으로, 임대오피스, 삿포로맥주 본사사옥, 대형점포, 맥주 레스토랑 등을 건설하고, 뒤쪽 블록에는 호텔과 주택동 등이 배치되어 있으며, 유입된 도시계획도로를 따라 다양한 주거지원시설(판매시설, 보육시설, 커뮤니티시설, 지역문화시설 등)을 개방적으로 배치해 지역시설로 공유하고 있다.

26 도시가로변의 가로상가
27 유치원
28 가로공원
29 파출소

개방적인 진입광장

진입광장은 지하철역사 및 단지중심광장 등과의 중간 결절점을 형성하면서 상업시설의 진입부를 겸해 개방적인 진입광장을 형성하고 있다.

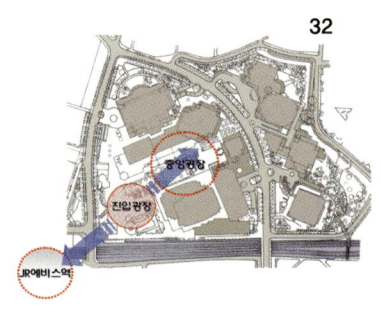

30-31 진입광장
32 진입광장의 연계
33-38 주거진입부 및 주차 진입부의 구분

차별화된 주거동 진입부 구성

주거영역 및 주거동의 진입에 있어 대상지의 공공성확보에 따른 프라이버시에 대한 해결방안을 마련하기 위해 별도의 주거 진입부를 형성하고 있다. 주차진입부 또한 상업시설 차량동선과는 별도로 주거진입부에 인접해 별도로 설치하고 있다.

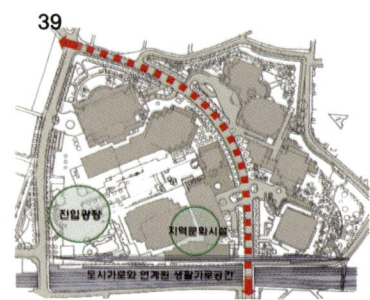

개방적인 생활가로환경 조성

가로와 연계된 오픈스페이스 및 조경시설의 조성을 위해 가로변공원을 활성화하고 가로변에 각종 편익시설, 문화시설, 지역 커뮤니티시설 등을 배치해 개방적이며 친환경적인 가로경관을 연출하고 있다. 특히 공적영역에 대한 사적 점유의 형태로서 생활공간의 가로경관을 형성하고, 가로활성화에 기여하기 위해 오픈카페 등을 배치하고 있다.

건축 디자인

디자인 모티브로는 '유럽의 시가지풍'을 연출하는 것으로 각 건물의 저층부에는 가급적 붉은 계통의 석재를 사용하도록 하고 각 시설의 기능에 맞는 다양한 형태 및 입면계획과 더불어 전체적인 건축물의 디자인에 통일감을 도모할 수 있도록 세부 디자인계획이 행해지고 있다. 특히 삿포로맥주공장 사옥, 비어홀 등의 경우, 맥주공장의 조적조 건축물의 근대적 이미지를 그대로 살리는 디자인요소가 도입되었다. 특히, 화제를 불러 모은 것은 정면에 위치한 샤토 레스토랑인데 18세기 프랑스의 샤토(귀족의 성)를 재현한 건축물이다. 외장의 일부를 대리석으로 치장하고 일반벽 부분은 대리석 플라스터마감에 천연슬레이트 지붕으로 마감하고 있다.

39 생활가로공간 조성
40-45 주변부 생활가로경관 조성
46-50 '유럽시가지풍'의 개념을 도입한 건축물

52 건축물의 가각부 처리
53–56 수공간과 조경요소를 활용한 외부공간

특히 건축물 모서리부분을 조금씩 set back 시킴으로써 오피스나 호텔, 고층주거동 등 볼륨이 큰 건물에 있어 형태적 중압감을 최소화하고 있다. 이는 주변 주택지에 가급적 압박감을 줄이기 위해 모서리부분을 잘게 분절시킴으로서 스케일감을 경감하기 위한 디자인 의도로 이해될 수 있다.

세련된 외부공간 랜드스케이프

외부공간은 세련된 디자인의 모던한 랜드스케이프 디자인과 자연형의 텃밭공원으로 조성되고 단지주변부 전체에 걸쳐 다양한 수공간을 연출하고 있으며, 수공간의 다양한 바닥재료의 도입을 통해 장소성 있는 수공간의 연출과 더불어 야간경관계획에도 배려하고 있다.

환경조형물 및 가로시설물계획

외부공간 랜드스케이프와 일체화된 환경조각품이 연출되어 있고, 투명루프로 덮인 대규모 중앙광장은 세련된 환경조형물로 인해 옥외공간의 장소성을 더해주고 있다. 단지 전체에 통합디자인개념을 도입해, 벤치, 쓰레기통, 안내판, 가로등 등 다양한 가로시설물을 유럽풍 단지이미지에 어울리게 세심하게 디자인되어 있다.

57-66 환경조형물과 가로시설물

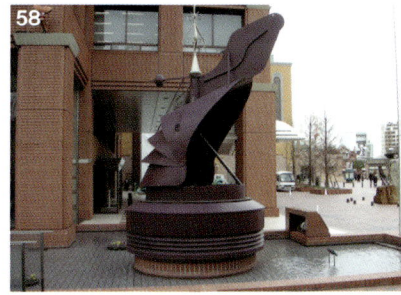

캐널시티 하카다

FUKUOKA
CANAL CITY HAKATA

CANAL CITY HAKATA

5

- PROLOGUE
- OMOTESANDO HILLS
- SHINONOME CANAL COURT
- DAIKANYAMA ADDRESS
- YEBISU GARDEN PLACE
- **CANAL CITY HAKATA**
- SHINAGAWA PROJECT
- SHIODOME PROJECT
- AKIHABARA PROJECT
- ROPPONGI HILLS
- NAMBA PARK
- TENNOJU ISLAND
- HARUMI PROJECT
- MARUNOUCHI PROJECT

5 캐널시티 하카타

개요

캐널시티 하카타 프로젝트는 일본의 큐슈지방을 대표하는 도심재개발복합용도 프로젝트로, 화장품 회사인 '카네보' 공장의 이적지 약 3.5ha에 개발회사인 후쿠오카부동산(福岡地所)이 개발한 도심재생 프로젝트이다. 연면적 약 8만평에 이르며 토지취득으로부터 약20년의 세월이 소요되어 1996년 4월 20일에 완성하게 되었다. 후쿠오카시 중심부인 텐진(天神)역과 JR하카타역의 중간지점의 도심부에 위치하면서 큐슈지방의 대규모 상업

1 캐널시티 전경

2 캐널시티 하카다의 배치구성도
3 강렬한 건축물 색채계획

시설로서는 전례가 없던 프로젝트로 지역경제 기반의 사활을 건 대규모 상업시설이 유치되었다. 2개의 대규모 1급 호텔, 상업시설, 복합영화관, 극장, 위락시설, 쇼룸, 오피스 등 다양한 도심상업시설이 인공운하가 흐르는 중정을 가운데 두고 회유동선을 계획한 전형적인 '시간소비형' 상업시설군을 형성하고 있다. 프로젝트의 기본설계는 미국의 대형상업시설을 주로 하는 죤져디 파트너스(The Jerde Partnership International, Inc.)가 담당했는데 대담한 건축물의 색채를 사용하는 등 환경연출이 돋보이는 도심재생 프로젝트이다.

경관만들기의 특징

지역의 랜드마크 형성

지역환경과 연계된 중심상업시설로 폐쇄적인 상업블록이 아닌, 용도별 건축물의 매스분절을 통해 가로에서의 시각적 개방감과 다양한 레벨에서의 진입공간 형성, 통일감 있는 건축물의 높이계획과 강렬한 건축물 색채계획 등을 통해 지역의 랜드마크 역할을 하고 있다.

4-5 가로에서의 시각적인 개방감
6-7 다양한 레벨의 진입공간

통합설계시스템에 의한 도시경관의 창출

캐널시티 프로젝트는 단순한 복합상업시설의 건설에 그치지 않고 다양한 시민들에게 즐기고 체험할 수 있는 공간을 창조하는 것을 목적으로 하고 있다. 따라서 건축뿐만 아니라 랜드스케이프, 조명, 그래픽, 분수디자인 분야의 전문가를 포함하고 상업시설은 경영컨설팅, 테마기획팀 등을 폭넓게 포함하는 추진협력팀 체계로 프로젝트가 추진되었다.

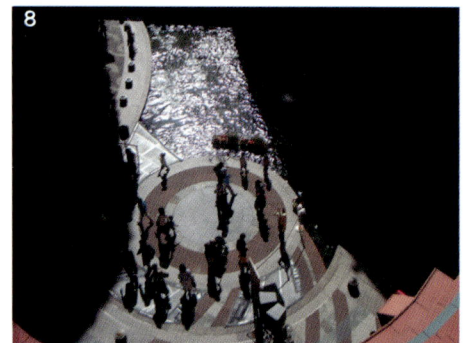

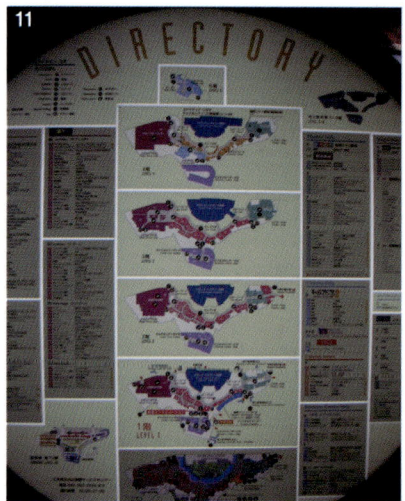

8-10 통합된 랜드스케이프 디자인
11-12 세련된 그래픽 디자인
13-14 분수디자인

다양한 복합개발 시설군의 형성

도심복합용도의 복합상업시설로서 주거부분을 두지 않는 본격적인 "시간소비형" 상업시설을 목적으로 하고 있다. 즉, 판매점이나 음식점을 한 곳에 모아 단순히 물건을 파는 형태가 아니라, 내장객들에게 다양한 체험을 즐길 수 있게 해 시간을 보낼 수 있는 장을 마련한다는 것이다. 그를 위해 극장이나 영화관, 오락시설은 물론, 전문상가에도 영화관련이나 음악관련 전문점을 유치하고 있다.

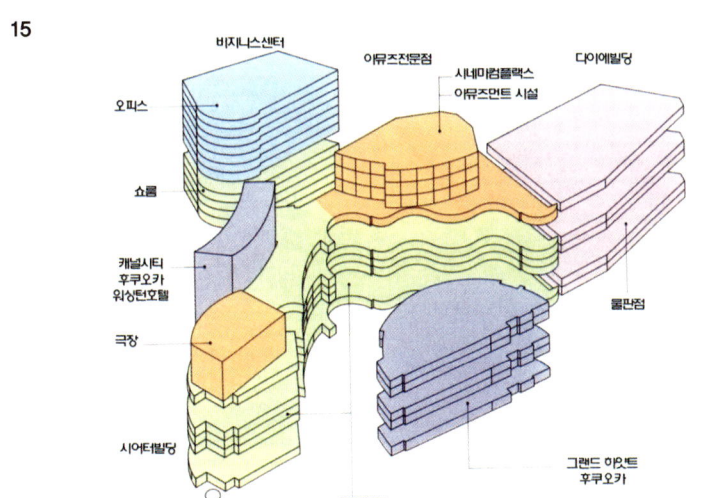

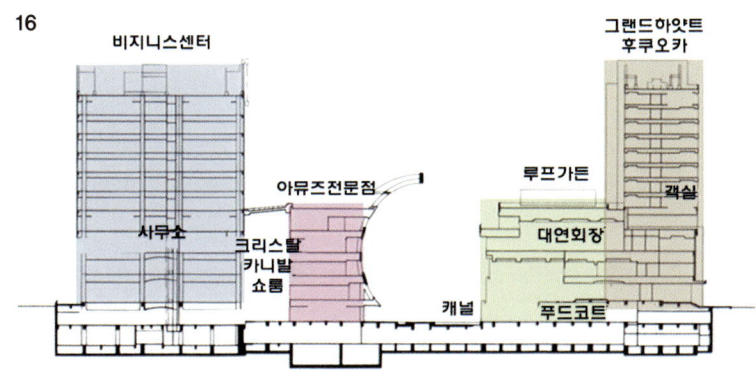

15 캐널시티 시설 구성도
16 캐널시티 단면 구성도
17-18 상업시설 및 발코니 녹화

19-20 캐널을 통한 이벤트
　　　공간 제공 및 로비 공간
21 상업몰을 통한 교통시설
　　과의 연계
22-23 역과의 연결

주변지역과의 연계 인프라 구축

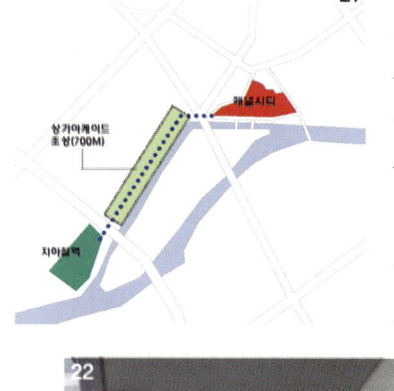

캐널시티는 도심부 텐진역과 하카타 중앙역의 사이에 위치한 곳으로 이 두 곳의 도심지구에서의 접근성을 높이는 것이 중요한 계획요소가 된다. 주변지구에서의 원활한 진입을 위해 에스컬레이터, 스카이브릿지 등을 설치해 외부동선을 적극적으로 유입하고 있다. 또, 단지 내에는 약 1300대의 주차장이 확보되어 있으나 충분하지 않아 인접한 주변지구의 공영주차장과의 충분한 연계를 도모하고 있다.

또한 전철역과 대상지 사이에 종전의 상점가가 위치해 있는데, 기존 상점가 리모델링 공사로 새롭게 아케이드상가가 단장되는 등 주변상점가와의 일체적 정비가 이루어졌다.

인접한 수변공간의 정비

캐널시티에 인접한 하천(나카수)은 후쿠오카를 상징하는 도심하천으로 캐널시티 프로젝트의 재개발에 맞추어 인접한 강변의 수변공간정비를 통해 지역을 활성화하는 물론 도심에서의 내장객 유입을 보다 적극적으로 시도하고 있다. 특히, 도심부 역세권의 상업시설 재개발(하카타 리버레인 프로젝트)과 연계해 지역전체의 활성화에 시너지 효과를 도모하고 있다.

이는 도심부의 지하철 역에서 하카타 리버레인을 거쳐 상점가 아케이드 또는 수변공간을 통해 캐널시티까지 이어지는 일련의 도심부활 프로젝트 지구를 형성하고 있다고 할 수 있다.

24-25 접근로 및 공영주차장
26-29 도심 상점가 아케이드의 정비
30 수변공간의 정비

  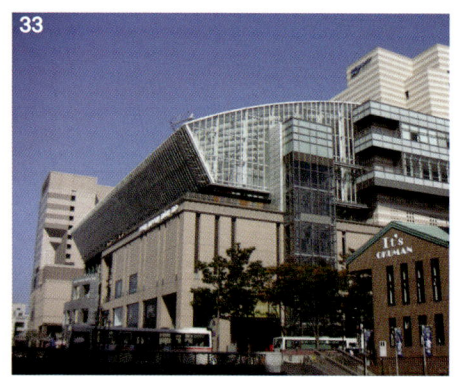

31 수변공간의 정비
32 지하철 역
33 하카타 리버레인

다양한 레벨의 보행자동선

　3면이 도로에 접한 약 3.5ha의 부지에 6동의 다른 기능을 가진 건축물을 배치하고 있다. 저층부에 상업몰을 형성해 전문판매 상가를 배치하면서 상층부에 극장, 비즈니스센터, 오락전문 상가 등이 위치하고 있다. 특히, 가로에 면해 3개의 호텔과 핵심 점포로서 백화점이 자리하고 있다. 이러한 건물들을 연계시키는 것이 건축물 사이에 원호모양으로 자리 잡고 있는 중정공간인데, 지하 1층 레벨의 중성에는 길이 약 180m의 인공운하(canal)가 설치되어 있다. 인공운하가 흐르는 중정공간은 이 단지 최고의 매력적인 수변공간을 연출하며 모든 시설을 조망하면서 회유성을 높이고 있다. 나아가, 상점시설, 호텔, 영화관 등을 연결하는 미로성을 가지는 다양한 레벨의 보행자동선을 통해 단지전체의 활성화를 도모하고 있다.

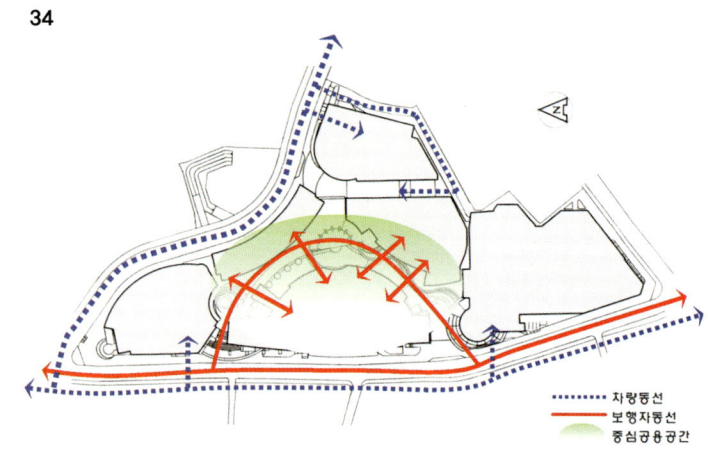

31 수변공간의 정비
32 하카타 리버레인
33 지하철 역
34 동선체계

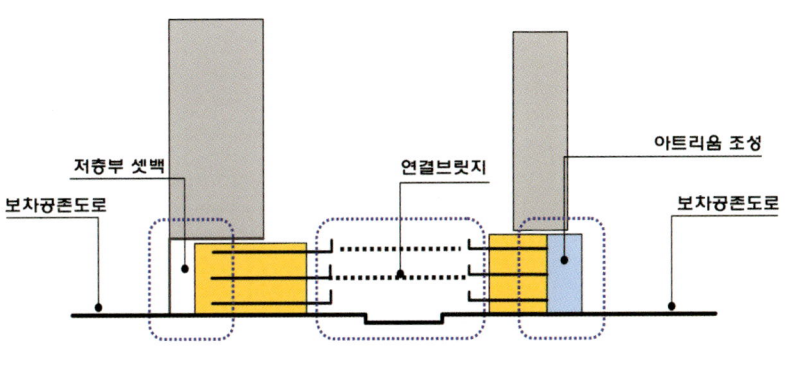

35 가로와 건축물의 매개공간 구성방식
36 1층 평면도
37 저층부의 다양한 상업시설

이벤트 광장으로서의 중정공간 연출

상업몰의 일부에 오픈 몰을 형성하고 운하와 상업공간이 일체화된 도시극장을 창출하고 있다. 오픈 몰을 통해 개방감, 시간과 기후, 계절에 의해 연출되는 다양한 도시공간의 변화를 보여주고 있다. 구체적으로는 오픈몰을 따라 5개의 개념을 가진 외부공간이 연출되는데, "별의 마당", "달의 산책로", "태양의 광장", "지구의 산책로", "바다의 정원"을 테마로 운하를 따라 각 존에 특징 있는 조경디자인을 연출하고 있다. 이 가운데 특히 "태양의 광장"은 다양한 가로연출자에 의해 이벤트가 연출되어 생기 있는 도시극장의 분위기를 자아내고 있다.

전체적인 전문상가의 상업시설구성이 "미국식"을 강하게 어필한 점도 캐널시티의 큰 특징이라 할 수 있다. 상가배치구성을 살펴보면, 내장객을 유인하기 힘든 4층 이상에는

극장, 영화관, 오락시설 등 목적성이 강한 시설을 배치하고 각각의 시설을 연결하는 건물의 지하1층에서 지상3층에는 전문상점가를 배치하고 있다. 점포군이 입지하는 건물의 저층부에는 중정에 면해 복도를 설치하고 있는데 이처럼 중정과 일체화된 오픈 몰 형식의 공간구성은 캐널시티의 대표적인 공간구성 특징 중의 하나이다.

친수공간의 창출

나카(중주)강을 단지 내로 유입해 단지 내 친수공간을 창출하고 있다. 친수기능과 비상시 소화용수의 기능을 가진 운하는 평상시 1,200㎥의 물을 방출하고 있다. 자원보호의 차원에서 운하에는 우수를 이용하고 있지만, 이 물은 항상 순환하면서 운하 내에, 장소에 따라 다양한 수공간을 연출하고 있다. 우수는 우선 우수집수시설에 담아 우수저류조로 옮긴다. 우수저류조와 우수보급수조 사이에는 운하의 순환수처리시스템과 동일한 여과처리가 행해져 운하에 물의 보급이 없을 때에도 수질을 유지할 수 있도록 하고 있다.

38 중앙광장
39 중정의 인공캐널 전경
40–41 중정 공간의 이벤트 연출 및 인공캐널
42–43 친수공간

캐널시티 하카타

가로경관의 연출

숙박, 업무, 대형상점 등은 주변가로에서 직출입할 수 있도록 하고, 각각 시설물의 진입부에는 진입광장, 조경시설, 환경조형물 등을 설치해 가로경관의 활성화를 도모하고 있다. 특히 상업시설물의 입구부분은 가로에서의 진입을 위한 매개공간으로 아트리움, 저층부 셋백, 연결브릿지 조성 등 건축적 장치를 통해 장소성을 부여하고 있는 점이 특징이다.

44-45 이벤트 공간
46 저층부 셋백
47 아트리움
48 가로변 출입부
49-50 환경조형물

100 도/시/재/생/과 경/관/만/들/기

3 역세권 재생을 통한 도시의 허브공간 창출

사례-6. 시나가와 재개발 프로젝트
사례-7. 시오토메 프로젝트
사례-8. 아키하바라 지구재생

시나가와역 재개발

TOKYO
SHINAGAWA PROJECT

SHINAGAWA PROJECT

- PROLOGUE
- OMOTESANDO HILLS
- SHINONOME CANAL COURT
- DAIKANYAMA ADDRESS
- YEBISU GARDEN PLACE
- CANAL CITY HAKATA
- **SHINAGAWA PROJECT**
- SHIODOME PROJECT
- AKIHABARA PROJECT
- ROPPONGI HILLS
- NAMBA PARK
- TENNOJU ISLAND
- HARUMI PROJECT
- MARUNOUCHI PROJECT

6 시나가와역(品川驛) 재개발 프로젝트

개요

도쿄 부도심에 위치한 시나가와(品川)는 도쿄와 요코하마를 연결하는 중요한 교통의 결절점에 위치해 있다. 최근 JR신칸센역의 설치와 더불어 교통요충지로서의 중요성이 한층 더해지면서 원래 철도조차장 부지로 남아있던 역사주변지구를 재개발하게 되었다. 즉, 시나가와 지구의 도시재생은 도심에 가까운 교통결절점의 입지를 살린, 업무 기능을 중심으로 거주 기능도 겸비하는 복합용도개발로, 어메니티(amenity)가 풍부한 환경을 형성하고 지역사회의 활성화 및 시가지 환경의 개선을 도모하고자 하는 기본적인 개념을 가지고 있다.

시나가와역 동쪽지구의 약16.2ha에 이르는 대규모 역세권 재생프로젝트로 보행자공간, 공원, 지역냉난방 등이 일체적, 종합적으로 정비된 지구이다. 1998년 창설된 재개발지구계획제도가 처음으로 적용된 지구로, 중앙공원(센트럴 가든)을 중심으로 A-1지구(시나가와 인터시티)와 B-1지구(시나가와 그랜드커먼)로 구성되어 있다. A-1지구는 약 4.0ha의 부지에 오피스 3동,

1 시나가와재개발 지구전경

쇼핑과 레스토랑 건물동, 대규모 공공홀 등으로 구성되며, B-1지구는 약 5.2ha의 부지에 대기업 본사건물 5동, 임대주택 1동, 분양주택 1동이 입지하고 있다.

개발의 배경을 정리하면, 1984년 3월 쿄오와(興和) 부동산회사가 구(舊) 국철화물 야드 및 차량기지를 취득한 후 민간개발사업자에 의한 재개발사업을 시작하였다. 1992년 6월 「시나가와역 동쪽 출입구지구 재개발지구계획제도」의 결정에 의한 재개발이 실시되면서 지구의 일체적인 개발 및 지구계획의 실행을 위해 지구계획협의회가 발족되었다.

이 지구의 정비 및 개발에 관한 방침으로 토지이용의 기본방침, 공공시설 등의 정비방침 등이 정해져 있으며 이는 보행자네트워크, 지하 주차장 네트워크, 주변지구와 연계된 공공공간 정비 등을 목적으로 하고 있다.

2-3 JR 시나가와 역

마스터플랜상의 기본개념

이 지구는 3동의 초고층빌딩과 대규모 공공홀(쇼룸)로 구성된 A-1지구와 대기업 본사빌딩의 개성을 살리면서 계획된 B-2지구가 중앙의 대규모로 조성된 공원(폭45m, 길이 400m의 공간)을 사이에 두고 배치되어 있다. 특히, '센트럴 가든'으로 불리는 중앙녹지공간은 각 필지의 공개공지를 하나로 묶어 조성한 공공공간으로 주변지역과 연계한 지역인프라로서의 도시 오픈스페이스공간을 형성하고 있는 점이 특징이다. 또, 시나가와 역에서 출발해 각 지구의 건축물동에 이르는 동선은 폭 2.5m-12m, 총연장 1.5km에 이르는 보행자전용통로(스카이웨이)로, 지구전체 건축물을 하나로 연계하는 시스템을 형성하고 있다.

마스터 플랜은 지구 전체에 토지의 고도 이용 추진과 공개공지나 부지 내 공지를 일체적으로 계획하여 안전하고 쾌적한 녹지 공공공간을 창출하고 있다. 또한 보행자 동선과 차량 동선의 분리, 지역 공급처리시설 공간 등의 확보를 위해 지하 공간을 유용하게 활용하고 있는 점도 특징이다. 즉 복수의 초고층빌딩이 하나의 도시블록 속에 건립되고 각 동 사이에는 차도가 없어, 하나의 대규모 도시블록이 외부도로에 둘러싸여 하나의 도시가구를 형성하고 있는 것이다.

4 배치도

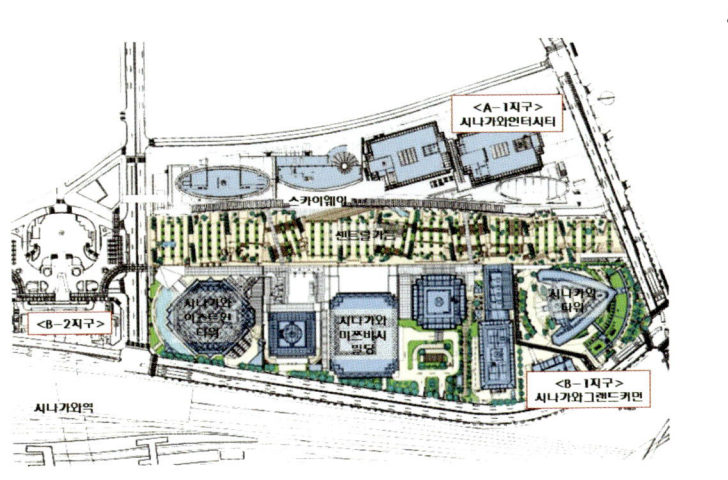

4

5

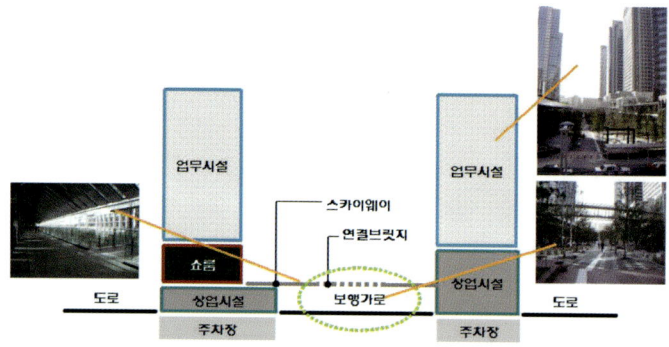

지구별 특성에 따른 도시기능의 도입

시나가와 지구는 전철(철도)역사와 연계하면서 각 지구별 특성에 따라 다양한 도시기능을 복합적으로 도입하고 있다. A-1지구는 업무 기능을 중심으로 지역의 도시 활동에 관련하는 상업기능, 문화·여가 기능, 커뮤니티 기능이 복합된 가구로서 구성되며, A-2지구의 경우 상업 기능을 중심으로 업무, 거주 기능을 가진 가구로 정비하였다. 또 B-1, B-4지구는 업무 기능, 상업 기능, 숙박 기능에 더해 거주기능(임대 및 분양주택)이 포함된 복합 가구로 계획되었다. 특히 교통광장에 인접한 B-2 및 B-3지구의 경우 교통 서비스 및 상업, 업무 기능 등이 일체적으로 복합된 기능을 형성하고 있으며 동서 자유통로의 동쪽주변 가구와 연계되는 보행자전용통로의 기점으로서 정비되었다.

5 시나가와 지구 공간구성 다이어그램
6-7 보행가로로서 센트럴 가든

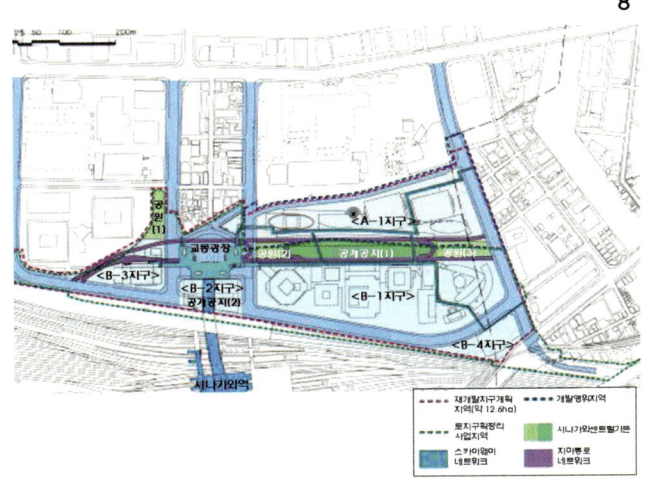

8 시나가와 지구 구분도
9-10 업무기능의 타워들

시나가와역 재개발 프로젝트　109

11 시나가와역과 연결
12 교통광장

공공기반시설의 체계적 도입

공공공지는 도시기반시설로서 시나가와역 동쪽출입구의 교통광장, 주변의 도시계획도로와 연계하는 액세스 도로 및 보완시설로서 정비되어 있다. 또, 대규모 보행자공간의 형성을 위해 공개공지를 지구의 중앙부에 설치하고, 그 양단에 공원을 배치했으며, 교통광장 북측 인접지의 공개공지와 연속하여 또 다른 공원을 배치하고 있다. 한편, 보행자동선으로부터 분리된 차량동선 확보를 위해 지하차로 네트워크를 정비하고, 지구 내 및 주변의 보행자 동선을 확보하기 위해 교통광장을 기점으로 보행자 전용통로의 네트워크화를 시도하면서 주변 경관을 고려한 가구 남쪽의 도로 측에 녹지공간을 마련하고 있다.

재개발지구계획의 도입

철도 선로측의 도로신설, 교통광장, 입체도로, 역사빌딩, 공원정비, 보차분리를 위한 네트워크 구축 등 지구계획의 기본적인 개념에 근거해 행정측(도쿄도, 미나토구, 시나가와구), 사업자, 설계자(일본설계) 등이 참여해 지구전체를 일체적으로 정비하다. 특히, 1996년에 발족한 '개발협의회'는 관민일체의 협의체로 지구계획 실시에 관한 협의의 장이 되어 도시경관형성을 위한 다양한 의견을 수렴하는 역할을 하게 되었다. 이러한 시도를 통해 분리된 사업구역, 단계적 개발 임에도 불구하고 일관성 있는 지구전체의 계획조정이 가능하게 되었다.

계획 및 디자인상의 특징

통일감 있는 스카이라인 형성

고층건축물은 150m의 일정한 높이를 가지며 스카이라인의 통일감을 유지하면서 건축물간의 일정한 간격유지를 통해 연담화된 빌딩군의 시각적 압박감을 해소하고 있다.

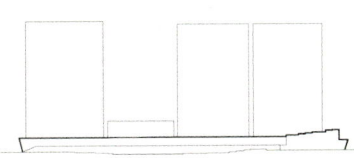

13 스카이라인 개념도
14 경관구성
15-16 통일감 있게 조성된 건축물군의 스카이라인

저층부 오픈스페이스와 연계한 차별화된 디자인

대규모 고층빌딩군의 밀집한 중앙부에 조성된 센트럴 가든은 7개의 테마공간(폴리)을 가지며 조성되어 있다. 공원의 하부에는 지하차로 및 지역냉난방시설이 설치되어 있는데, 7개의 폴리는 그 출입부로서의 기능도 하고 있다.

17-18 센트럴 가든과 출입부인 폴리
19 중.저층부 디자인
20 저층부 디자인

또, 고층건물군의 저층부는 다양한 프로그램을 도입, 고층건축물의 일체감을 주는 스카이웨이 설치 등을 시도하고 있나. 고층건축물의 저층부 디자인에 있어서도 건축매스의 분절, 다양한 형태디자인 등을 통해 중앙공원의 보행자에게 휴먼스케일의 보행자공간을 형성할 수 있도록 하고 있다.

보행자동선과 차량동선의 체계적 분리

동서자유통로의 조성을 통해 철로에 의해 분리된 인접대지 및 역사시설과 연계를 도모하고 있다. 또한 동측 출입구에 교통광장을 조성하고 지상2층의 역사에서 보행자데크를 설치해 지반층과 연결하며, 주변지역에서 유입되는 보행자동선과 차량의 분리를 통해 체계적으로 연계하고 있다.

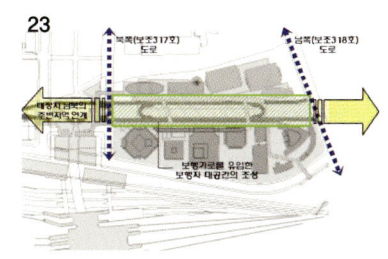

대지가 북쪽(보조 317도로)과 남쪽(보조 318도로)의 도로에 접하고 있는데, 부지 내에는 공개공지의 통합으로 형성된 도시공원이 대상지와 주변지역의 남북을 이어주며 주변지역에 대한 대상지의 공공성을 확보해주고 있다.

21-22 저층부에 배치된 쇼룸
23 보행자대공간의 조성
24-25 보행자 데크
26-27 보행가로

28 저층부 시설배치계획
29 A-1(인터시티)지구 단면배치
30 B-1(그랜트커먼)지구 단면배치

개방적인 도시공간의 구성

개방적인 평면적 배치로 대상지 중심에 유입된 보행자 대공간(보행가로)을 중심으로 각 건물의 로비 등 공공부, 상업시설 등이 설치되어 있으며 2층부의 스카이웨이에 면해서도 각 건축물의 전시공간, 별도로비, 상업공간 등이 배치되어 있다. 즉, 1층부와 2층부의 다양한 공간연계를 통해 중앙공원에 면한 저층부가 공공성을 가지는 활성화된 도시공간을 형성하고 있다. 단면적 배치는 저층부의 상업시설과 상층부의 업무 및 숙박시설이 구성되어 있으며, 업무와 상업의 전이지대에는 공공홀, 쇼룸이나 커뮤니티 시설 등의 시설이 조성되어 있다.

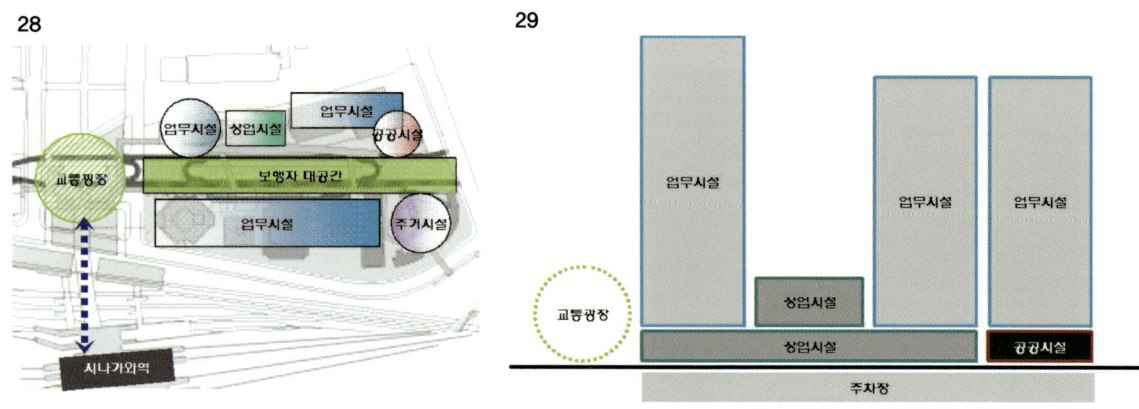

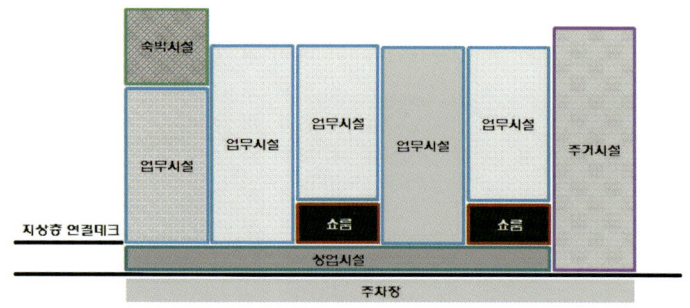

31-32 저층부 로비와 공공시설
33-34 쇼룸 및 저층부 상업시설
35-36 업무시설

37

보행자를 위한 스카이웨이 설치

지상에 위치한 시나가와 역과의 연계를 위해 2층 레벨에 보행자 전용보도인 스카이웨이가 각 빌딩2층으로 연결되어 있다. 또한 시나가와 그랜드 커먼 지구와 인터시티지구에 걸친 스카이웨이는 남북 두 개의 도로를 횡단하는 브릿지에 연결되고 있어 1층, 지하 1층 부분의 시나가와 센트럴 가든과 함께 차량과 접하는 일 없이 보행자 전용의 동선을 확보하고 있다.

37 스카이웨이의 조성
38-41 시나가와 지구내 스카이웨이와 연결브릿지

지하차로 및 주차장 설치

A1지구 ,B1지구 ,B3지구의 각 빌딩 주차장 및 역전 교통광장 지하의 미나토구 공공 주차장에 접속하는 지하 차로를 조성하고 있다. 즉, 지하차로를 통해 지구내 빌딩주차장과 주변부 공공주차장의 체계적인 연계를 도모하고 있다.

42-43 시나가와 역사와 연결된 스카이웨이
44-45 지하차로 접근로
46-47 주차장 및 지하 배치

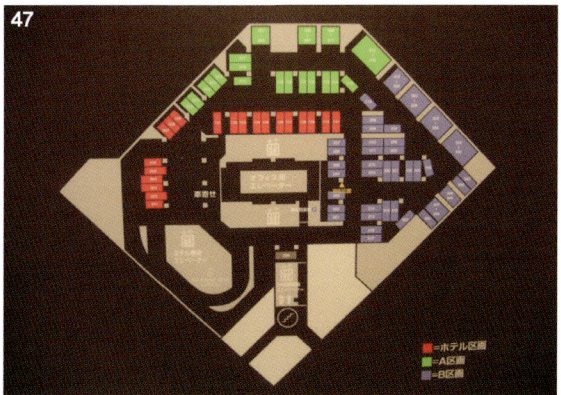

주거영역의 분리

주거영역의 프라이버시보호를 위한 주거 진입구의 위치를 공간의 위계에 따라 단계적 구분해 설치하고 있다. 즉, 주거부분의 경우 중앙공원 혹은 스카이웨이에서 일단 중정 혹은 전정을 거쳐 주거진입부에 이르도록 계획되어 있다.

48-51 주거진입부와 전정

건축물의 공공성 제고

보행자 전용공간(스카이웨이) 및 중앙공원에서의 가로경관활성화를 위해 건축물의 연접부는 대규모 공공홀, 판매시설, 음식점, 카페 등을 설치하고 있다. 특히, 휴일 등에는 야외 벼룩시장이 개최되어 공원과 일체화된 야외 이벤트시설의 중요한 장을 마련하고 있다.

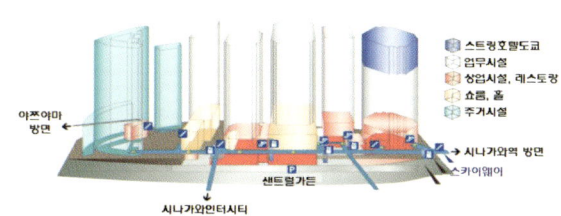

52 B-2(그랜드커먼)지구의 가로연접프로그램
53-56 가로경관활성화를 위한 공공홀과 오픈스페이스

가로시설물을 환경조형물로 활용

센트럴 가든에 설치된 다양한 기능과 형태를 가진 가로시설물은 각 장소별 테마를 부여한 환경조형적 가로시설물로 구성하며, 지하주차장, 지상 스카이웨이 등을 연결하는 폴리의 역할도 동시에 하고 있다.

57-60 가로시설물

가이드라인에 의한 건축물 외관디자인의 조화

건축물의 외관디자인은 '도시만들기 가이드라인'을 작성해, 외관의 색조를 정상부, 타워부, 기단부로 나누어 설정하고, 외벽디자인 등에 대한 가이드라인에 따라 디자인 컨트롤되었다. 외벽은 석재와 커튼월을 기본적인 재료로 하면서 각 건물의 개념에 맞는 외관디자인이 되도록 하고 있다.

61-68 건축물의 외관디자인

세련된 랜드스케이프 디자인

그랜트 커먼 지구의 오피스부지 5획지와 주거동 1획지, 그리고 인터시티 1획지를 포함한 총 7개 획지의 공개공지와 건축물 세트 백을 통해 만들어진 공공공지를 하나의 공원으로 통합해 도시공원 '센트럴 가든' 연출하고 있다. 공원의 랜드스케이프 개념으로는 사람들을 위한 녹지를 만들기 보다는 자립한 녹지공간을 만들어 사람들이 그 공간을 사용할 수 있는 공간을 만들려고 노력하고 있다. 초고층이 밀집된 공간에도 계절의 변화를 느낄 수 있도록 계절별 수목을 선정하고 단순한 수종의 선택을 통해 수목의 생명력을 느낄 수 있도록 계획되어 있다.

69-74 센트럴가든의 외부공간계획

재개발지구 도시디자인 매니지먼트 시스템의 도입

일반적으로 재개발사업은 대규모로 장기적인 시간을 요하는 프로젝트가 대부분이다. 따라서 프로젝트의 관련자나 이해관계자가 상당수이며 복잡하고 복합화한 사업수법의 디자인 매니지먼트가 필요하게 된다. 그 대상도 건물레벨에서 지구레벨에 이르기까지 다양한 범위에서 종합적이고 계층적인 매니지먼트가 필요하며, 즉, 재개발사업의 매니지먼트에는 건축물의 매니지먼트를 보완하며 상승효과를 창출해내는 기능과 동시에 단계적인 프로세스의 정비를 통한 지구레벨의 매니지먼트를 집대성하는 기능이 중요하다. 시나가와 재개발지구의 경우, 관민일체가 된 '시나가와 동측개발협의회'가 조직되었다. 나아가 협의회 내부조직으로 계획면에서의 '재개발분과회', 시공면에서의 '공사분과회'가 있어 계획디자인의 조정, 비용분담구분의 조정, 각 공사의 조정, 근린대응 등이 협의되었다. 특히 중요한 사항은 이해당사자간에 권리관계의 조정, 협의에 근거한 협정체결 등에 의한 합의가 행해졌다.

여기서는, B-지구를 대상으로 구체적인 도시디자인 매니지먼트의 운용실태를 살펴보기로 한다.

B-1지구에 있어 도시디자인 매니지먼트

재개발지구 전체의 매니지먼트 프로세스에 근거해, B-1지구에 참여하는 사업자(10개사)는 재개발사업의 추진을 목적으로 'B-1지구 10사회'를 조직해 총회, 간사회, 분과회로 운영되었다. 운영은 분과회를 통해 마스터프로그램의 업무범위 내에서 전문분야별로 검토된 사항을 간사회가 결정하고 총회에서 이를 승인하는 의사결정 프로세스를 가진다. 10개사 사무국은 전문테마별 기능을 가진 컨설턴트 팀과 더불어 실제적인 프로젝트의 메니지먼트를 담당했다. 구체적으로는 전체계획의 관리, 각 건축물간의 설계 및 시공조정, 공동공사의 설계자, 시공자의 선정, 계약관리, 개발사업자간의 권리관계 조정, 총회/간사회/분과회의 운영 등을 담당하고, 동시에 재개발지구전체의 10개사를 대리해 행정, 근린주변지구사업자와의 협의조정 등을 담당했다. 나아가 지구전체의 설계시공에 관한 기술적인 과제의 검토, 개발사업자간의 조정을 목적으로 건축물별 설계자와 시공자가 참여하는 '설계자협의회' 및 '시공자협의회'가 설립되어 10개사 사무국과 컨설턴트팀에 의해 운영되었다. 이러한 협의회의 성과는 '마찌쯔꾸리 가이드라인', '스카이웨이설계기준서', '가구방재계획방침' 등이 만들어져 재개발사업추진의 중요한 가이드라인이 되었다.

개별 디자인 메니지먼트 수법을 정리하면 다음과 같다.

1) 마스터 프로그램

대상지구의 재개발사업의 효과적, 효율적인 추진을 위해서는 마스터 프로그램이 필요로 하게 된다. 메니지먼트 체제에 근거한 업무영역의 추출, 각 영역의 역할분담, 업무목표 등을 설정하고, 나아가 구체적인 업무내용의 결정, 필요한 인적, 물리적 자원의 배분, 필요기간의 산출, 업무의 상호관계의 조정 등을 마스터 프로그램에서 책정하게 된다. 또 마스터 프로그램에 근거해 실행프로그램(Decision Program)이 책정되고 각 사업자의 합의프로세스를 이끌어가게 된다. 이러한 마스터 프로그램은 장기간에 걸친 사회적, 경제적 상황에 따라 적절하게 관리해 가는 것이 중요하며 건축물의 세부 프로그램과의 조정도 요구된다.

2) 협의체의 운영

재개발사업에서는 건축물레벨에서 지구레벨에 이르기까지 종합적이고 단계적인 프로젝트 추진 프로세스의 시스템구축이 운용됨과 동시에, 개발사업자간에 분과회에 근거한 총괄적인 합의형성이 이루어질 수 있는 정보관리, 커뮤니케이션 관리가 중요하다. 10개사 사무국에서는 분과회를 활성화해 효율적으로 운용하고 컨설턴트팀과 유기적으로 기능하기 위해 사무국과 컨설턴트팀에 의한 'PM 미팅'이 도입되었다. PM미팅은 사무국 전원과 컨설턴트팀의 각 부문 책임자가 참가하는 형태의 회의체가 구성되고, 개발사업자의 합의형성에 있어 사무국방침의 전달, 진행상황의 파악, 정보의 공유, 전문분야별의 업무조정 등을 도모했다. PM미팅은 한정된 재개발사업 스케줄에 있어 마스터 프로그램을 예정되고 수행하는데 있어 효과적으로 기능했다.

3)사업평가 메트릭스

재개발사업에서는 사업자간 또는 권리관계자간의 이해관계가 복잡해 객관적이고 투명한 합의형성 프로세스가 신뢰성 확보에 중요한 요소가 된다. 재개발사업자 10개사 전원의 합의가 필요하기 때문에 객관성과 투명성을 가지는 평가 매트릭스의 이용에 의해 개발사업자의 이해도, 만족도를 얻어낼 수 있다. 평가메트릭스는 합의형성이 필요한 과제에 대해 상응하는 평가항목이 추출되어 정량평가, 정성평가를 포함해 일정한 기준으로 평가하게 된다. 평가항목의 추출, 평가기준 등에 있어 다소간의 논의의 여지는 있지만 항목별로 중첩평가를 통해 종합평가함으로서 최종적인 합의형성을 원칙으로 하게 된다. 평가매트릭스는 프로세스를 개발사업자들에게 공개해 정보를 공유함으로서 효과적인 합의형성의 수단으로 활용될 수 있다.

SHIODOME PROJECT

시오토메 프로젝트

**TOKYO
SHIODOME PROJECT**

- PROLOGUE
- OMOTESANDO HILLS
- SHINONOME CANAL COURT
- DAIKANYAMA ADDRESS
- YEBISU GARDEN PLACE
- CANAL CITY HAKATA
- SHINAGAWA PROJECT
- **SHIODOME PROJECT**
- AKIHABARA PROJECT
- ROPPONGI HILLS
- NAMBA PARK
- TENNOJU ISLAND
- HARUMI PROJECT
- MARUNOUCHI PROJECT

7 시오토메 프로젝트

개요

시오토메지구는 메이지시대 문명개화의 일환으로 1872년 신바시(新橋)에서 요코하마간의 일본최초의 철도가 설치된 일본철도의 발상지이다. 긴자, 마루노우치 등 도쿄도심부와 가깝고 임해부도심에 인접해 있으며 JR, 지하철, 모노레일(유리카모메)이 교차하는 교통의 요충지에 입지해 있으며, 하네다공항과

1 시오토메지구 전경

2 시오도메 조감도

도 인접해 있어 많은 사람과 물류가 교차하는 산업상 중요한 장소에 위치해 있다. 하지만, 중앙역사의 기능이 도쿄역이 건설되어 도쿄역으로 이전하면서 신바시역은 화물전용역으로 변용되어 컨테이너 전용 철도 터미널의 기능을 수행하고 있었다. 게다가 1973년 도쿄화물터미널이 생기게 되어 화물역으로서의 기능마저 저하되어 방치된 상태였으나 1990년대 들어 재개발 대상지로 부상하게 되었다.

시오토메지구는 JR선로 동측으로 시오토메 화물역 이전적지와 서측의 기성시가지를 대상으로 한 대규모 주택시가지 재개발지구로 구성되어 있으며, 사업면적은 약 31ha이다. 동측은 12개의 가구블록으로 구성되어 업무, 상업 등 복합용도형 건축물이 12동, 고층주거동이 3동이 건설되었다. 서측으로는 이탈리아풍의 주택시가지를 중심으로 한 복합용도지구가 제안되었다.

3 배치도

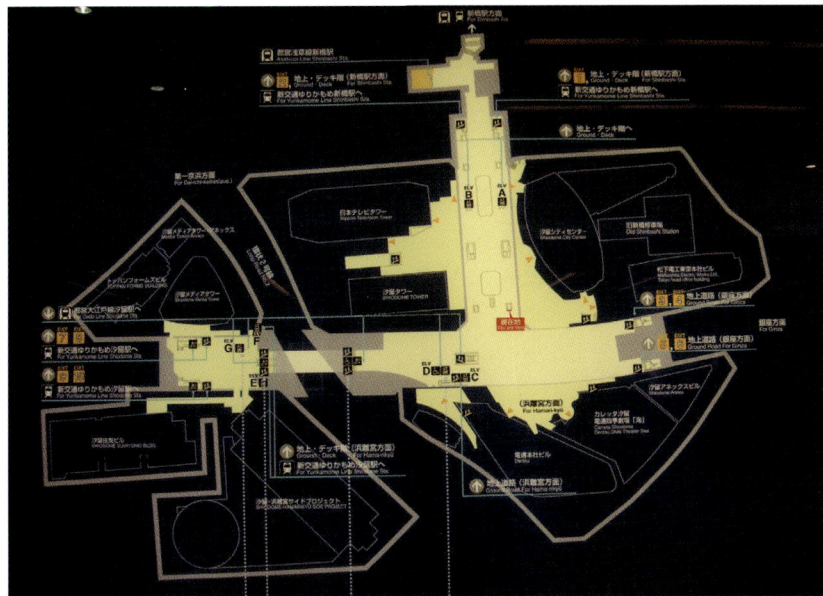

도시재생의 테마

종전에 방치되어 있던 역세권지역을 세계적인 수준의 도시환경과 일본을 대표하고 세계에 열린 무역도시 및 국제적 수준의 도시기능을 갖춘 지역으로 재생함으로서 방문하는 즐거움과 개성이 넘치는 도시재생계획을 지향하고 있다.

구체적인 도시재생의 테마는 다음의 3가지로 요약된다.

신세대형 24시간 미디어시티

광고대리점, 텔레비전방송국, 통신사 등 미디어관련 직종을 중심으로 일본을 대표하는 기업의 본사를 유치한다. 쇼룸기능 등도 포함해 국제적인 정보와 문화의 발신기지 역할을 담당하게 되는 24시간 미디어시티를 추구한다.

직/주/유의 새로운 도시복합체

상업, 문화, 거주 등 다양한 목표와 테마를 가진 12개의 도시

4 기업본사 위치
5 문화시설
6 지하연계

가구블록이 새로운 발상의 도시공간을 창출한다. 각 도시가구 블록은 지상2층의 보행자보도, 지하레벨의 보행자도로와 광장 등을 연계하면서 개방적인 동선네트워크를 형성하는 도시복합체를 지향한다.

자연과 일체화하는 공원도시

종전의 도시개발 상식을 넘어 보도와 공원, 가구블록 내부까지 녹지공간을 확보함으로서 자연과 하나 되는 공원도시를 지향하고 있다.

개발방식 및 가구별 정비방침

5개의 도시블록(12개의 가구블록)으로 구성된 전체지구는 가구별로 단계적으로 개발이 이루어졌는데, 1995년 12월 지권자 전원의 합의에 의한 협의회에 의해 전체단지의 통일된 재생개념이 유지될 수 있도록 진행되고 있다. 지구전체의 공간디자인 컨셉은 'Tidal Park(조수간만이 있는 공원도시)'인데 1995년경 미국의 건축가 존 져디 사무실이 작성한 마스터플랜의 개념에 근거한 것이다.

개발 방식에 있어 특징적인 점의 하나는 개발을 원하는 가구 블록별로 입찰제안서를 제출하는 기업에 건축물제안방식을 통해 어떤 건축물을 건설할 지를 제안 받는 방식을 택하고 있다. 이때 지구전체에 야간이나 주말의 도심공동화를 방지하기 위해 전체 용적률의 20%를 극장, 상점, 호텔, 쇼룸 등 오피스 이외의 기능이 유치되도록 의무화하고 있다.

5개의 도시블록별 재생정비방침을 정리하면 다음과 같다.

1) 1블록(A, B, C 가구) : 오피스, 상업계 복합존. 도쿄의 국제화에 기여하는 오피스기능과 중심적인 상업시설을 가진다.

2) 2블록(D / E 가구) : 문화교류계 복합존. 입지조건을 살려 주택을 포함하는 오피스기능의 복합이용을 도모하고 있다.

3) 3블록(D, H가구) : 도심주거를 추진하는 주거존, 공원가구와의 연계와 거주기능을 중심으로 이용계획을 수립한다.

4) 4블록(I가구): 거주, 오피스계의 복합기능존. 하마마쯔쵸 역 앞의 입지조건을 살려 주택을 포함하는 오피스기능의 복합이용계획을 수립한다.

5) 5블록(F, G 가구) : 거주+오피스+상업계 복합시가지존. 업무와 주거의 균형 있는 시가지환경을 창출하기 위해 공원 등의 정비 및 토지의 고도이용 도모와 시가지 정비를 도모한다. 지구내 거주자의 지속적인 거주성 확보와 도시형주택의 공급계획을 수립한다.

7　7 시오토메 5개 도시블록

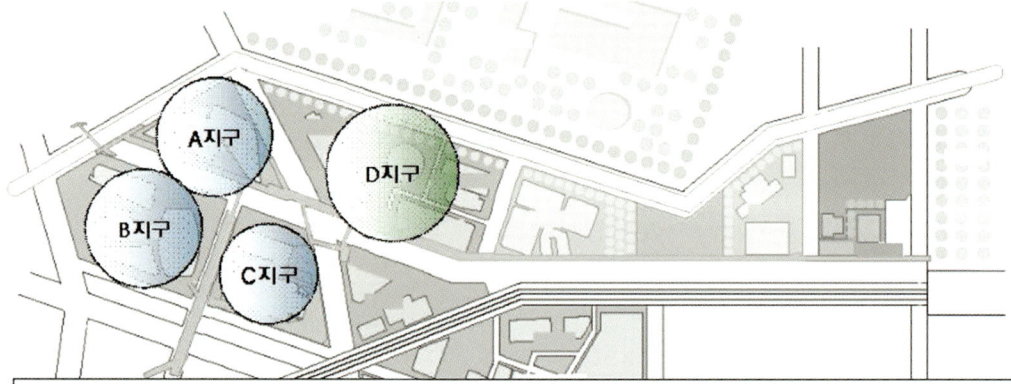

1블록 A지구 : 시오토메 카레타의 상업시설, 덴츠본사, 시오토메 어넥스빌딩의 업무시설
       B지구 : 시오토메 시티센터, 미츠시타 전공빌딩의 업무시설, 구신바식정거장 전시실의 공용시설
       C지구 : 일본TV타워, 시세이도빌딩의 업무시설, 로얄파크 시오도메타워의 숙박시설
2블록 D지구 : 시오토메 미디아타워, 일본통운본사 업무시설, 호텔콘라드, 파크호테르 비라퐁텐느의 숙박시설

8 1블록과 2블록의 주요시설 입지현황
9 일본TV
10 1,2블록 오피스 군
11 이탈리안 마을

경관만들기의 특징

입체적 도시공간 위계설정

전술한 토지이용계획상의 도시블록 및 가구블록별 차별화된 용도 및 시설입지 구상 이외에 마스터플랜상의 특징으로는 우선 지하네트워크/지상공간 그리고 보행자데크로 이루어진 상부공간 등 3개의 공간적 위계를 가지는 도시공간구조를 형성하고 있다는 점이다. 이는 지하철역사(신바시역)에서의 접근, 단지 내를 관통하는 모노레일에서의 접근 등을 고려한 자연스러운 입체공간 구성의 결과라 할 수 있다.

12 보행 데크 연결
13 선큰 공간
14 지하연계

통합설계시스템에 의한 공공공간 디자인컨트롤

시오토메지구의 경우 개별건축물의 디자인컨트롤은 그다지 이루어지지 않아 전체적인 도시건축의 통일감은 부족하다. 다만, 개별건축물 간의 상호관계 및 주변공간의 통합적 디자인이 이루어져 이를 통한 공공공간의 디자인통합이 체계적으로 이루어졌다. 특히 가로공간, 지하보도공간, 상부데크공간에서의 랜드스케이프 디자인은 통합적인 디자인컨트롤에 의해 체계적으로 계획 및 관리되어졌다.

15 보행데크 상부
16 지하보도공간
17 가로 모습
18 선큰

특히, 지상부의 가로공간은 가로식재, 가로시설물(스트리트 퍼니쳐 등), 바닥포장재 등이 통합디자인 되어 가로경관의 조화를 이루고 있으며 상부의 보행자데크 또한 지구별로 디자인은 다르지만 제안된 디자인 가이드라인에 의해 디자인, 재료, 형태 등에 있어 통일된 데크공간을 형성하면서 지구의 일체적 디자인통합을 연출하고 있다.

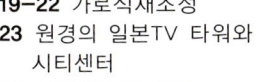

19-22 가로식재조성
23 원경의 일본TV 타워와 시티센터
24 시티센터의 전경
25 가로축상의 시세이도 빌딩

지구의 스카이라인 형성

한편, 지구전체의 스카이라인 구성에 있어서는, 역의 위치와 인접한 일본정원(하마리큐정원)과의 조화를 고려하여 긴자방향과 하마마츠 방향은 높게 계획되고 가운데 부분은 낮게 계획되었으며, 각 지구별로 고층의 오피스 건축물이 위치하여 원경에 대한 시각적 인지와 대상지의 중심성을 부여하고 있다.

26 유리카모메 연계
27-28 유리카모메(모노레일)

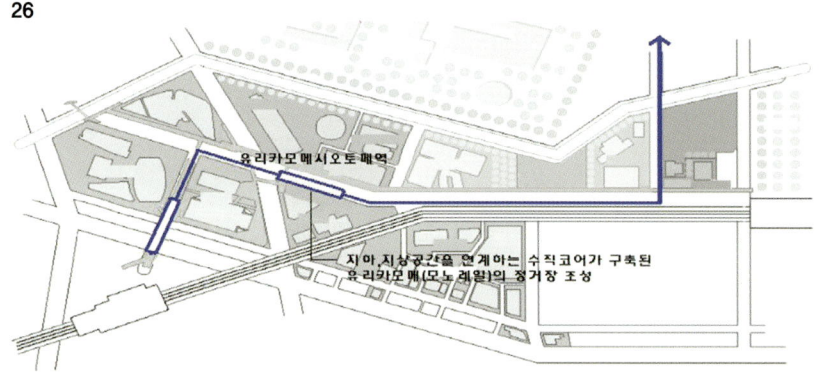

공공교통시설과의 적극적인 연계

대상지 내부를 관통하는 지상의 유리카모메(모노레일)와 대상지에 인접한 지하의 지하철역은 일반시민이 시오토메지구를 접근하는 가장 일반적인 교통수단이다. 이러한 점을 충분히 고려해 공공교통수단의 체계적인 연계방안을 수립해 다양한 위계의 보행자공간을 형성함으로서 지구전체의 활성화를 도모하고 있다.

지역문화시설의 계획적 유도

업무시설 중심의 도심시설에서 탈피하기 위해 복합용도의 도시공간을 적극적으로 시도하고 있다. 업무시설 저층부에 특화상품, 브랜드 상점 등 상업공간을 유치하고, 나아가 지역활성화를 위해 필요한 지역문화시설(극장, 영화관, 전시장 등)을 유치해 야간 혹은 주말에도 많은 사람들이 방문할 수 있는 24시간 도시만들기를 시도하고 있다.

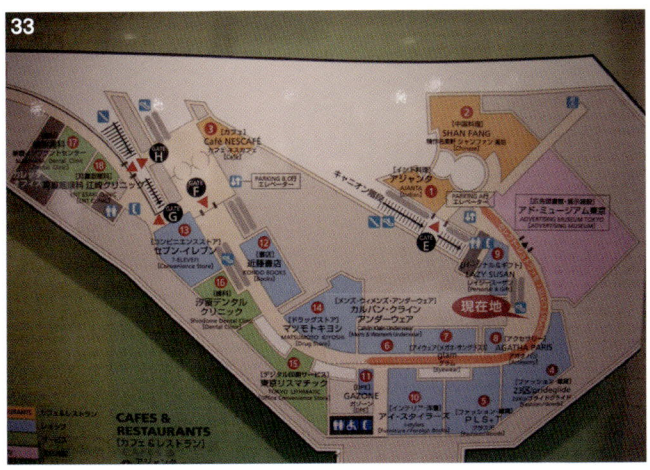

29 일본 TV 선큰 이벤트 마당
30 National Center
31 일본 TV저층부 상업시설
32 저층부 상업시설
33 배치도

역사적 건축물의 보존활용

전술한 바와 같이, 시오토메지구는 일본에서 최초로 철도역사(신바시역)가 자리잡은 장소이다. 도시재생에 있어서도 이러한 역사적인 장소성을 살려 메이지시대 건축된 신바시역을 재생 복원하면서 기념관으로 활용하고 있다.

34-35 신바시역 보존 활용
36 기념관으로 활용

개방적인 단지구성

지구전체의 구성은 5개의 블록별 테마를 가지지만 도시공간의 다양한 용도가 혼합되도록 구성해 지구의 개방성을 최대화하고 있다. 업무시설의 경우 저층부 상업시설 뿐만 아니라 전망데크와 전망레스토랑 등을 일반시민에게 개방하면서 별도의 전망 엘리베이터 등을 설치해 고층건축물 상층부를 개방적으로 활용하고 있다. 또, 5블록의 경우 '이탈리아마을'을 테마로 특화된 도시형주거지를 형성하여 주거단지가 가지는 폐쇄적인 주거단지와는 차별화된 주거지계획을 시도하고 있다.

37-38 이탈리아 테마의 유럽형 주거지
39 이탈리안 마을 개방형 저층부

다양한 동선 네트워크의 창출

다양한 위계와 공간구조를 가지는 3중의 보행자네트워크는 인접한 건축물과 연계되면서 지하보행로, 계단 및 에스컬레이터 등을 통해 다양한 형태의 선큰광장, 오피스진출입 로비공간, 오픈스페이스 등을 창출하고 있다. 이러한 공간들은 공공성이 높은 보행가로와 개별건축물 사이의 매개공간을 형성하면서 차별화된 중심영역을 창출해 내고 있다. 특히, 가장 많은 사람들의 진입이 이루어지고 있는 지하공간은 넓은 가로보행공간을 형성하면서 다양한 선큰광장, 연접한 건축물에의 이동동선(엘리베이터/계단/에스컬레이터 등)등을 통해 지하공간의 활성화를 도모하고 있다. 특히, 지하공간에 미디어시티에 어울리는 다양한 상업시설과 정보미디어 보드 등을 설치해 정보교류의 중심적인 장소를 형성하고 있다.

40 수직연계동선체계
41-42 지하 연계 도로 및 입구

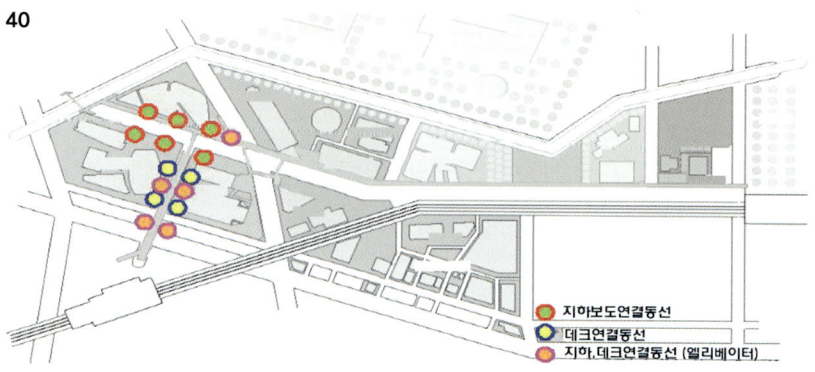

42-43 선큰 사용 및 접근
45 덴츠빌딩 로비
46 지하공간 진입부
47 선큰광장

야간경관의 창출

24시간 도시를 테마로 야간인구의 활동을 적극적으로 유도하기 위해 24시간 활성화된 도시이미지의 형성이 필요하다. 이를 위해 야간경관계획 또한 공공공간을 중심으로 체계적으로 디자인이 통합되어 있다.

48 일본TV타워 진입 계단의 야간경관
45 시티센터 캐노피와 일본 TV타워 야간경관
46 시티센터 선큰광장 야간조명
47 덴즈본사 지구 선큰광장 야간경관

가로시설물의 통합디자인

지하철역사 진입부, 지하통풍구시설을 비롯해 가로안내판에 이르기까지 다양한 가로시설물을 체계적으로 디자인을 관리해 도시경관의 주요요소로 활용하고 있다.

51-54 가로 시설물 디자인

아키하바라 프로젝트

TOKYO
AKIHABARA PROJECT

AKIHABARA PROJECT

8

- PROLOGUE
- OMOTESANDO HILLS
- SHINONOME CANAL COURT
- DAIKANYAMA ADDRESS
- YEBISU GARDEN PLACE
- CANAL CITY HAKATA
- SHINAGAWA PROJECT
- SHIODOME PROJECT
- **AKIHABARA PROJECT**
- ROPPONGI HILLS
- NAMBA PARK
- TENNOJU ISLAND
- HARUMI PROJECT
- MARUNOUCHI PROJECT

8 아키하바라 프로젝트

개요

아키하바라 지구는 일찍이 일본을 대표하는 전자상가로 유명한 곳으로 한때 거품경제 이후 도시의 침체기를 겪기도 했지만, 최근 IT산업의 발달과 더불어 다시 활기를 찾기 시작하고 있다. 도심부에 위치해 철도의 환승역으로서 도쿄시내의 중요한 교통 결절점의 기능을 하고 있으며, 특히 도쿄에 인접한 학원도시 '쯔꾸바시'와 연결하는 쯔꾸바익스프레스의 개통과 더불어 철도역을 따라 배후이구 300만명의 터미널기능을 담당하는 지구이다. 이러한 지구특성을 살려 칸다시장과 구(舊) 국철 아키하바라화물역의 이적지와 주변지를 대상으로 도시재생 프로젝트가 제안되었다. 정보기술산업의 세계적인 거점을 형성하기 위한 도시재개발 프로젝트가 진행중이다. 개발수업으로는 부동산증권화수법이 최초로 실현된 사례이기도 하다.

1 아키하바라 오피스 빌딩

아키하바라 도시재생프로젝트는 'IT산업거점의 도시형성'을 목표로 도쿄도가 중심이 되어 2012년까지 전 지구의 시설완성을 목표로 정비재생사업이 진행중이다. 토지정리사업 시행구

역은 치요다구(千代田區)와 다이토구(台東區)에 걸치는 약 8.7ha 면적의 부지다. 현재 건설된 시설로는 사무소 용도의 토쿄청과 아키하바라빌딩, 주택용도의 TOKYO TIMES TOWER, 공공시설인 칸다소방서이 있으며, 계획중인 건물로는 3동의 용도복합형 빌딩, 4동의 오피스빌딩이 있다. 이 가운데 '아키하바라 크로스 필드'는 IT 산업의 세계적인 거점을 목표로 가장 중심적인 시설이다. 토지구획정리사업의 총사업비는 385억엔이며 사업기간은 1997년부터 2012년이다.

2-3 아키하바라 역과 연계된 재생지구

토지이용계획의 특징

아키하바라 역세권지구는 철도선로 상부를 개발하는 복합역사개발을 포함해 모두 6개의 존(지구)으로 나누어 상업, 업무, 주거 등 도시복합기능을 지구별로 특화해 유치하고 있다. 특히, 문화/정보/교류의 IT관련 기능을 집중적으로 입지시켜, 종전 아키하바라 지구가 가지는 지구특성을 충분히 살려 IT산업의 거점이 될 수 있도록 지구를 구성한 것이 특징이다.

4 토지이용계획
5-8 다양하게 개발된 빌딩들

아키하바라 프로젝트 **151**

개발프로세스

토지구획정리사업으로 도시기반시설을 정비하고 아울러 정보발신거점이 되는 IT센터의 도입에 의한 정보기술산업의 세계적인 거점을 형성한다는 도쿄도 아키하바라 도시계획 가이드라인이 근간이 되어 재개발계획이 입안되었다. 이 방침에 따라 토지구획정리사업지구가 13개의 가구로 분할되고, 그 가운데 4개지구는 공모에 의해 사업자가 결정되었다. 아키하바라 역앞 도쿄도 소유지인 1가구/3가구에 대해서도 이러한 방침에 따라 2001년12월 사업계획 및 토지매수계획에 대한 공모가 실시되어 NTT도시개발, 다이빌딩, 카지마건설 등 3사가 중심이 되어 구성되는 UDX그룹이 당선되어 UDX 특정목적회사(SPC)가 사업주가 되어 사업이 추진되었다. 이 사업에 있어서는 도쿄도 소유의 토지가 사업주에게 양도되고 건축물이 착공될 때까지 약 1년이 소요되었는데, 사업자측에서는 각종 인허가 프로세스가 빠른시간에 이루어진 점이 종전의 도시개발 프로젝트와는 다른 도시블록개발의 프로세스를 가진 점이 특징이다.

9-10 UDX 빌딩

사업수법

지구전체의 기반정비는 토지구획정리사업으로 실시되었다. 시설정비에 관해서는 가구별로 수법은 다르지만 여기서는 대표적인 3가구를 사례로 사업수법의 특징을 정리하면 다음과 같다.

사업수법은 크게 '계획수법'과 '자금조달수법'이 있다. 우선 계획수법으로는 지구정비계획에 의한 본 계획지에 대한 장래환경의 요구수준이 상당히 높은 점, 도쿄도의 요구에 부응하는 신속한 인허가 프로세스를 추진해야 하는 점, 저층부계획에 있어 총합설계제도(사업육성형 등)를 선택했다. 또 하트빌딩법의 규정내용에 근거해 도쿄도용적률 허기기준에 따라, 총합설계 속에 새로운 하트빌딩법의 계획평가에 따른 용적률 완화를 받고 있다.

두 번째로 자금조달의 특징은, 자산유동화법에 근거해 설립된 특정목적회사(SPC)를 주체로 한 개발형 부동산 유형화이다. 리파이낸스 이후 자금조달에 대해서는 자산유동화법에 근거한 SPC의 자금조달에 있어 회사채권과 론(융자)을 본격적으로 조합하는 형태로 일본에서도 최초의 시도이다. 일본정책 투자은행이 주체가 되어 조성한 도시재생펀드 제1호의 융자케이스이다. 본 재개발사업은 토지취득에서 건물완공까지 총 4년이 소요되는 장기프로젝트이기 때문에 자금계획도에 따라 단계적으로 구분해 자금을 조달하고 있다. 단계별로 자금계획을 세우는 장점은 예상되는 위험부담을 최소화하고 조달경비의 저감, 금리변동의 위험경감 등이며 단점으로는 재정조달경비 상승, 관청, 기관 등과의 수속충돌이 잦은 점 등을 들 수 있다.

개발 및 운영주체

가구블록별로 개발주체가 다른데, 특히 일부가구의 경우 전술한 UDX 특정목적회사(SPC)가 공모를 통해 사업주체로 지명되었다. 토지구획정리사업 전체의 운영에 대해서는 치요다구가 주체하는 '마찌쯔꾸리 협의회'가 중심이 되어 운영하고 있다. 또 산학연계와 IT거점이 테마의 중요한 지구의 경우 IT 센터로서의 다양한 기능을 수용하면서 '크로스 필드 메니지먼트'라는 운영회사를 설립해 주변주민 뿐만 아니라 주변의 상공회와도 밀접하게 교류하면서 운영하고 있다.

11-14 역과 연계된 보행 데크 및 잘 정비된 가구 블록

경관만들기의 특징

가구블록별 차별화

아키하바라 재생 프로젝트는 아카하바라역주변지구 지구계획(2003년2월, 자치구인 치요다구에 의해 결정)에 근거해 재생방침이 정해졌는데, 그 특징으로는 토지구획정리사업을 통해 도시가구블록을 명확하게 구분하고 가구블록별로 차별화된 용도와 공간디자인을 추진한 점이다. 이렇게 가구블록별로 분산된 건축물군은 2층레벨의 보행자 전용데크(스카이브릿지)를 통해 하나로 연계하고 있다.

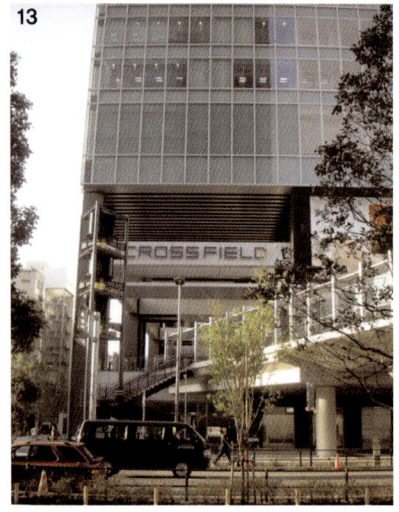

구체적으로 살펴보면, 역주변 블록의 경우 지구의 현관(얼굴)이 되는 지구로 이에 어울리는 공간의 개방감을 가지며 사람들의 교류, 집산이 가능한 교통광장을 중심으로 상업시설 등의 입지를 유도하고 있다. 반면, 북측의 가구블록에는 주거기능을 집약화해 공원정비 등을 통해 양호한 거주환경을 형성하고 있다. 또 서측과 동측의 기존 전자상가로 인접한 지구는 업무와 상업시설을 배려하면서, IT거점을 형성할 수 있는 시설의 입지를 적극적으로 유치하고 있다.

15–18 저층부 시설 및 보행데크

보행자데크에 의한 지구의 활성화 유도

가구블록별로 기능과 계획수법을 특화하면서 지구전체를 하나로 연계할 수 있는 보행자데크를 설치해 지구의 일체화를 도모하고 있다. 보행자의 안전성 확보와 더불어 지역 내의 회유성을 향상시키기 위해 보도상부는 물론 블록별 건축물의 저층부를 관통하는 2층 레벨의 보행자 데크에는 업무시설의 로비공간, IT센터, 판매시설 등 다양한 도시지원시설을 배치해 지구전체의 일체화와 활성화를 유도하고 있다. 특히, 2층레벨에 계획된 보행자데크와 1층 도시가로공간과의 원활한 연계동선 처리를 위해 다양한 연계공간 디자인을 시도하고 있는 점도 특징이라 할 수 있다.

저층부 개방화를 통한 지구전체의 공공성 확보

IT거점의 역세권 업무지구로 오피스와 주거기능의 고층건축물이 제안되고 있지만, 1층 및 2층 보행자데크 등 건축물의 저층부에는 상업 및 판매시설을 유치를 통한 지구의 개방성을 최대화하면서 다양한 내방객의 유입을 시도하고 있다. 1층부 가로공간의 활성화를 위한 1층부 필로티공간, 세련된 가로보행공간, 상업시설의 유치는 물론, 2층 데크레벨에 연결되는 오픈스페이스 공간의 다양한 디자인을 통해 지구전체의 개방성과 활성화를 도모하고 있다.

19-24 다양한 저층부 개방적 처리 방식

차별화된 도시형 주거공간 연출

북측 가구블록에 제안된 주거동의 경우 역세권의 입지적 특성을 충분히 살려 도시형 고층주거블록을 제안하고 있는데, 가구블록의 주변현황을 고려해 1층부 주변의 주거전용공원을 계획하면서 외부공간과의 일체화를 통해 공공성과 프라이버시를 적절하게 조화시키는 차별화된 주거공간을 연출하고 있다.

25-28 세련된 도시형 주거 연출

주차공간의 디자인

역세권이라는 거점상업업무지구의 특성상, 주차공간의 부족이 우려되는 상황에서 아카하바라 UDX건물의 1층부에 약500대의 공용주차장을 설치하고 나아가 지구내 각 시설에도 부설 주차장을 설치해 주차수요에 충분히 대비하고 있다. 특히, 1층에 확보된 공영주차장의 경우 가로경관을 고려해 주차장벽면의 차벽디자인에도 특별히 배려하고 있다.

29-30 공영주차장 디자인

4 상업지재생을 통한 도심활성화의 시도

사례-9. 록본기 힐즈
사례-10. 난바파크

ROPPONGI HILLS

록본기힐즈

TOKYO
ROPPONGI HILLS

9

- PROLOGUE
- OMOTESANDO HILLS
- SHINONOME CANAL COURT
- DAIKANYAMA ADDRESS
- YEBISU GARDEN PLACE
- CANAL CITY HAKATA
- SHINAGAWA PROJECT
- SHIODOME PROJECT
- AKIHABARA PROJECT
- **ROPPONGI HILLS**
- NAMBA PARK
- TENNOJU ISLAND
- HARUMI PROJECT
- MARUNOUCHI PROJECT

9 | 록본기(六本木) 힐즈

개요

 도쿄의 도심(마루노우치 지구)과 부도심(시부야) 지구의 중간지점에 위치한 록본기 지구는 부지면적 84,780㎡의 규모로, 아카사카(赤坂)등의 비즈니스가, 가스미가세끼의 관청가, 아오야마(靑山)등의 상업지, 아자부(麻布), 히로오(廣尾) 등의 한적한 주택지 등이 인접해 있으며 주변에 각국 대사관, 외국계기업, 미디어관련업계, 문화시설 등이 다수 입지해 있는 도쿄의 전형적인 고급주택지의 일곽에 자리하고 있다. 지하철 히비야선(Hibiya Line)의 록본기 역과 직접 연결되어 있으며 지구 내 고저차를 가지는 구릉지를 형성하고 있다.

 록본기 재생 프로젝트의 개발개념은 크게 2가지로 요약할 수 있는데, 도쿄의 문화거점으로서 다양한 도시복합용도의 도입과 더불어 문화시설의 집중적인 유치를 들 수 있다.

1 배치도

2 전체 모델
3-4 록본기 배치

즉, 기성시가지의 노후한 주택지를 국제경쟁력을 갖춘 매력적인 도시로 발전할 수 있는 핵심 재개발 프로젝트로 도쿄의 중심부에 어울리는 국제적 수준의 시설과 풍요로운 문화공간을 가지는 21세기형 도심상업지 복합용도개발 프로젝트로 시도하고 있다. 이를 위해 일본을 대표하는 모리부동산과 지역주민 재개발조합이 사업주체가 되고 국제적으로 명성이 있는 건축가(KPF, John Jerdy Partners, 마키 후미히코 등)를 초청해 국제적 이슈와 시가지재개발의 모델프로젝트가 되었다.

또한, 록본기 힐즈는 '문화도심'을 테마로 오피스, 주택, 호텔, 문화시설, 상업시설, 시네마콤플렉스, 방송센터 등으로 이루어진 거대한 도심복합 재개발 상업시설로, 연면적 728,246m², 주차대수 2,762대, 거주인구 약 2,000명, 취업인구 약 20,000명, 예상 내장객 10만명/1일이며, 총사업비 약 2,700억 엔이 소요된 대규모 프로젝트이다.

사업프로세스

종전 이 지구는 아사히TV를 중심으로 남측으로 약 17m의 고저차에 의해 분단되고 폭 4m가 되지 않는 협소한 도로에 면해 목조가옥, 소규모 아파트 등이 밀집해 있던 지구이다. 1986년 11월, 도쿄도에서 '재개발유도지구'로 지정되어 1987년에는 자치구(미나토구)에서 '재개발기본계획'을 책정하게 되었다. 이를 계기로 (주)모리빌딩과 아사히TV가 재개발사업을 시작하게 되었다. 이 지구의 권리자는 약 500명에 이르는데, 우선 1988년 지권자를 중심으로 지구의 미래를 생각하는 '마찌쯔꾸리간담회'가 열렸고, 1990년에는 '마찌쯔꾸리협의회'가 결성되었으며 1991년에는 토지소유자, 차지권자(토지를 빌린 자)에 의한 준비조직인 '재개발준비조합'이 설립되었다. 그 이후 지권자에 의한 모임을 거듭해 권리변환계획, 시설계획 등을 검토하고 자치구에 의해 '시가지재개발사업추진기본계획' '시가지재개발사업추진계획'이 책정되었다. 1995년 4월에는 제1종시가지재개발사업으로 '도시계획'이 결정되고, 1998년에는 '재개발조합'이 설립되어 권리변환계획인가를 거쳐, 재개발유도지구지정에 이르기까지 약 15년의 시간이 경과한 2000년에 착공하게 되었다. 최종적으로 지구 내 권리자수는 당초의 약 80%인 약 400명이 참가하게 되었는데, 이렇게 많은 지권자가 참가한 재개발사업은 그 예를 보기 힘든 사례이다.

사업수법

이 지구의 사업은 재개발지구계획에 의해 용적률 등의 제한을 완화하고, 조합시행에 의해 제1종시가지재개발사업으로 실시되었다. 또, 권리변환방식은 도시재개발법의 규정(제111조항)에 근거해 계획이 작성되었다. 총사업비 약2,700억엔은 참가조합원 부담금 형식으로 모리빌딩이 조합원으로 참가해 체비지연면적(保留床)을 취득하고 있다. 모리빌딩은 자금조달에 있어 특수목적회사(SPC)를 설립해 일본 최초의 대규모 개발형 프로젝트 파이낸스 사업을 실현했다.

5 모리타워

경관만들기의 특징

도시스카이라인의 형성

록본기 지구전체의 시각적 인지성과 중심성을 부여하는 록본기 힐즈 모리타워와 고층타워형 주거동이 지구의 랜드마크를 형성하고 있다. 또 주변지구가 저층고밀의 전형적인 기성시가지의 공간구조를 가지고 있다는 점을 충분히 고려해, 대상지구의 가각부분은 주변과의 조화를 위해 저층 혹은 중층의 건축물로 계획하고 중심으로 갈수록 점차적으로 고층건축물을 배치해 지구 스카이라인의 변화를 도모하고 있다.

6 스카이라인
7 모리타워
8 경관구성도와 스카이라인 개념도
9 주거동
10 도시계획도로의 유입

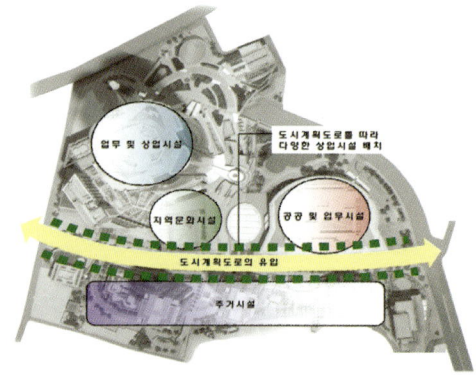

도로유입을 통한 주변지구와의 효율적인 연계

지구 내 도시계획도로를 유입시켜 지구전체를 2개의 도시블록으로 형성시키고, 계획도로는 주변도시계획과 연계되어 교통동선의 원활한 흐름을 도모하고 있다. 또 유입된 도시가로를 따라 남측으로는 주거시설을 배치하고 북측으로 오피스, 상업시설, 방송센터 등을 배치하여 주변 인접대지와의 관계성을 고려한 자연스러운 지구 내 죠닝이 이루어졌다. 특히, 도시가로를 따라 다양한 상업시설군을 배치해 지구 내 중심가로의 활성화를 도모하고 있다.

11-14 도시계획도로변
15 인공 및 자연 지반
16 지하철역과 인공지반을 연결하는 브릿지
17 인공지반에 설치된 플라자
18 지역간의 연계를 위한 입체적 공간구성

인공지반을 통한 주변지역과의 연계

도로 및 지형의 고저차에 의해 단절된 인접대지와 주변지하철과의 연계, 도시가로유입에 의해 분리된 2개의 존(주거존과 상업존) 등을 다양한 레벨의 인공지반(데크)을 조성해 입체적으로 지구를 구성함으로서 지구전체가 하나의 동선체계를 형성해 주변지역과의 원활한 연계 체계가 가능하도록 계획되었다.

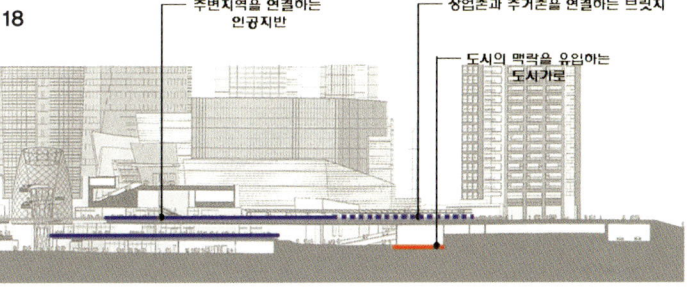

록본기힐즈　167

지역활성화를 위한 문화인프라 조성

종전의 낙후된 지역문화 인프라의 정비를 도모하기 위해 전시관 및 박물관, 문화센터 등 지역커뮤니티 문화시설의 도입해 주변지역의 활성화를 도모하고 있다. 특히 이러한 공용문화시설을 고층건축물(모리타워)의 최상층부에 설치해 개방함으로서 일반시민들이 주변의 도시경관을 조망하면서 다양한 문화시설을 즐길 수 있게 계획되어 있다.

19-22 모리타워 최상층부에 설치된 지역문화시설

3차원적인 복합도시의 창출

록본기 힐즈는 크게는 주거존과 상업존으로 구분되나 주거, 상업, 업무, 숙박, 방송, 지역문화시설 등 다양한 도시기능이 복합적으로 구성되어 있는데, 특히 3차원적인 복합구성을 통해 가로 및 광장공간의 활성화는 물론 지구전체의 경관연출을 시도하고 있다.

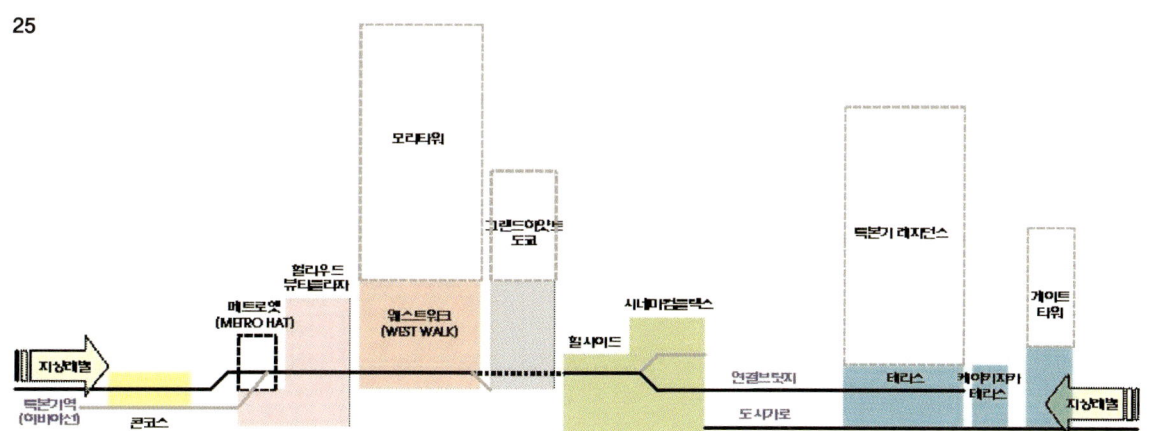

23-24 주거존 연결로
25 3차원적 복합구성

주진입부 메인 코어(Main Core)의 형성

일반 내장객의 주진입은 우선 지하철역(히비야선 롯본기역)에서 지상2층데크까지 연결되는 경사 에스컬레이터를 통해 진입광장으로 유입한 후, 각 시설군으로 진입하게 된다. 이는 대상지 유입인구의 진출입을 위해 주진입부 메인코어(Main Core)를 조성해 명확한 동선체계는 물론 지구의 랜드마크로서 중심성을 부여하는 역할도 하고 있다. 즉, 약 2,000㎡의 역 앞 광장에 유리 실린더모양으로 광장을 덮고 있는 주진입부 메인코어(Main Core)는 다양한 영상시설과 함께 만남의 장소를 형성하고 있다. 전체단지의 경사면 고저차는 자연스러운 다양한 층에서의 동선연계가 이루어지도록 되어 있어 상업시설군으로 명확한 진입체계를 인식하기는 쉽지 않지만, 이러한 다층(multi-layer)의 동선시스템을 하나로 엮어주는 '통합코어(주진입부 메인코어)'를 통해 동선의 수직적인 연결이 가능하도록 되어 있다.

26 메인코어의 조성
27-28 메인코어(메트로햇)
29 연결브릿지의 조성
30-31 지구내 연결브릿지

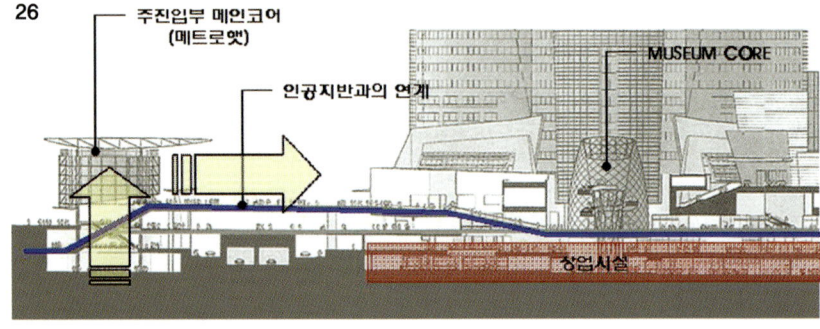

주거존와 상업존을 연결하는 인공지반데크(브릿지)

유입된 지구내 도시계획도로에 의해 분단된 상업존과 주거존은 인공지반데크에 연결 보행자브릿지를 통해 하나의 동선체계를 형성하고 있다.

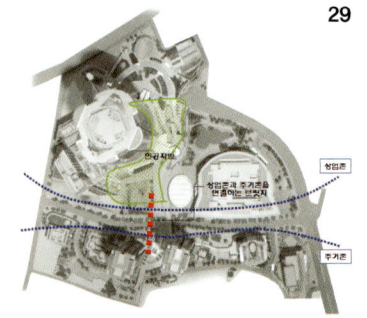

다양한 도시지원시설 프로그램의 도입

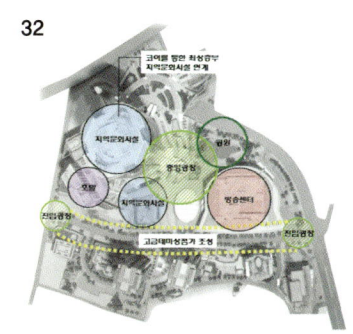

주거, 상업, 업무 및 공용시설, 지역커뮤니티시설, 오픈스페이스 등의 시설배치는 지구전체의 테마성에 맞추어 가로활성화를 도모하면서 계획되었다. 지구내 유입가로에 면해 고급 테마상가를 배치하고 가로의 결절부에는 광장이나 핵점포, 호텔 등을 배치하고 있다. 다양한 공공시설 프로그램(도서관, 아트센터 등)을 모리타워의 최상층에 배치하고 최상층까지의 별도 엘리베이터 코어(museum core)를 통해 수직적으로 연결시키면서 지상부 보행공간과의 일체화를 도모하고 있다. 특히, 저층부 상가존은 다양한 단면구성을 통해 동선의 회유성을 높이고, 단지 외부공간의 핵심공간으로 중앙광장을 배치해 방송센터의 로비와 일체화되면서 각종 이벤트를 기획해 다양한 도시외부공간의 활동을 지원하고 있다.

32 시설프로그램 배치
33 가로결절부 핵점포
34 저층부 상업시설
35 모리아트센터 내 편익시설
36 방송센터와 광장의 일체화
37 광장과 모리타워 로비와의 연계
38 이벤트광장

39 단계적 단지진입구성 방식

주변도로(Pubic space)에서부터 대상지 내의 개별시설(Private space)로의 접근은 각 영역별 중간(Semi)영역을 거쳐 중간 공공공간(Semi-public), 중간 사적공간(Semi-private)으로 연계되는 4단계의 진입구성방식을 형성하고 있다. 즉, 지하철역사 및 주변도로에서 진입광장 또는 중앙광장의 중간 공공공간(Semi-public)으로 진입한 다음, 각 주요건물의 로비 등을 거쳐 각 시설로 진입하게 된다.

39 4단계 진입구성
40 주변도로 : Public Space
41 메트로햇 : Semi-public space
42 중앙광장 : Semi-private space
43 내부시설 : Private Space
44 이면가로 설치

44 상업동선과 주거동선의 위계적 분리

록본기 힐즈 지구의 동선체계는 '메트로 햇(Metro Hat)'으로 불리는 지하철역사에서의 메인코어(Main Core), 중앙광장 등을 중심으로 내방객의 주진출입이 이루어지는 반면, 사적 성격을 지니는 주거로의 진출입을 위한 이면가로가 별도로 조성되어 있다.

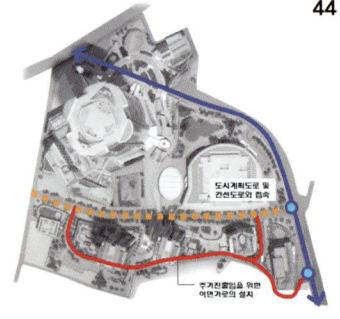

45-48 주거진출입을 위한 이면가로

또, 전면도로 또는 중앙부의 도시계획도로에서의 차량진출입부와는 별도로 이면도로에서의 거주자용 주차장 진출입부를 별도로 구성해 차량진출입의 혼란을 계획적으로 방지하고 있다.

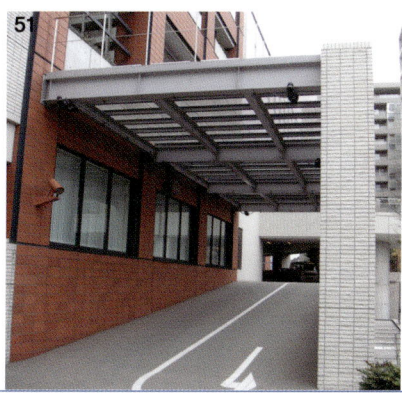 

49-52 주차장 진출입부

롯본기힐즈　173

독립된 거주자 진출입부 형성

주거, 상업, 업무의 복합단지라는 특수성을 고려할 때 특히 주거동의 프라이버시 확보가 중요한 계획의 테마가 된다. 롯본기 힐즈 지구의 경우 연도상업시설가로(유입된 도시계획도로)에서의 진입, 보행자 데크레벨에서의 진입 등 다양한 주거동에의 진입부를 형성하면서도 별도의 진입부를 구성해 거주자들의 프라이버시확보에 최대한의 디자인적인 배려를 하고 있다.

53-58 독립된 주거동 진입부

가로변 가각광장의 조성

가로공간이 단순한 이동공간으로서의 기능보다는 다양한 거리풍경을 연출하면서 휴식과 만남의 공간으로 가능하기 위해 오픈카페, 예술장식품 도입 등을 통해 가각부 광장을 조성하고 있다. 또한 가로에 면한 전면후퇴부도 가로공간의 일부로 디자인되어 가로의 활성화를 시도하고 있다.

59-64 다양한 가로공간 연출

록본기힐즈

65 특화가로 평면
66 특화가로 단면
67-69 주거동 저층부의 연도형 상가

연도상업시설을 통한 특화가로의 조성

지구 내 유입된 도시가로의 연도성을 최대한 살려 활기찬 상업가로의 이미지를 연출하기 위해 주거동 저층부에 고급상가를 연도에 배치하고 있다. 또 도시가로에 면해 가로수, 중정공간을 설치하고 중정에 면해 카페, 레스토랑 등을 설치하는 등 개성 넘치는 지구전체의 메인스트리트 기능 부여하기 위한 계획적 디자인이 시도되고 있다.

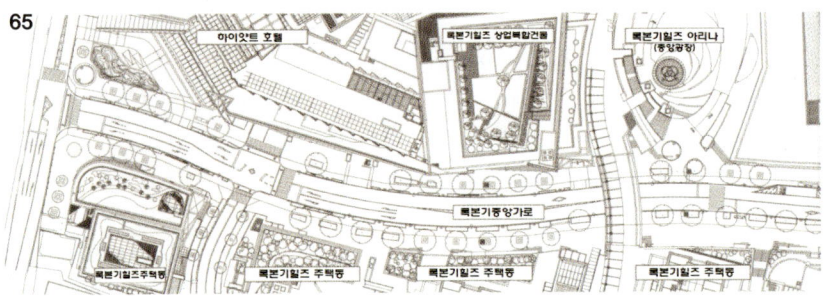

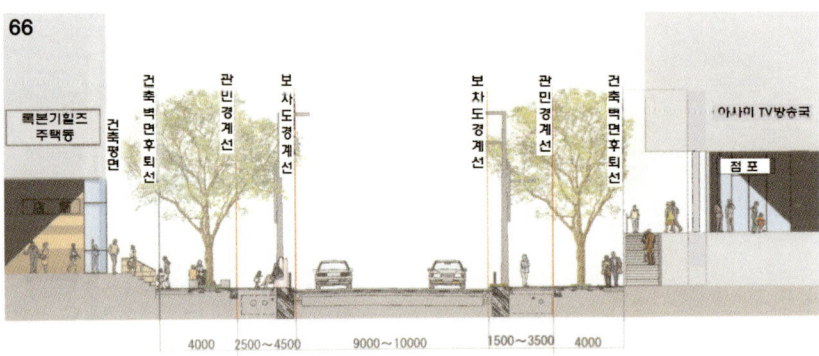

야간경관의 창출

70-73 록본기 힐즈의 야간경관

록본기 힐즈는 국제경쟁력을 갖춘 도심지구 형성을 목표로 하고 있어 24시간 활성화된 도심환경 창출이 중요한 계획테마가 되었다. 따라서 야간경관의 효과적인 연출을 위해 고층건축물은 물론 저층부 가로상가, 가로조명, 가로수, 식재, 조명 등 다양한 야간경관을 연출하고 있다.

차별화된 외부공간의 조성

록본기 힐스 프로젝트의 외부공간은 크게 접지층공간과 지반데크공간으로 이루어져 있는데, 대상지의 미묘한 경사지를 지반과 인공데크 레벨의 차별화된 외부공간 디자인으로 연출하면서 입체회유동선을 형성하고 있다.

'66프라자'로 불리는 진입광장은 지하철 록본기역에서 에스컬레리트를 이용해 도착하게 되는 진입광장으로 많은 사람들이 만나고 교류하는 도시녹지광장을 형성하고 있다. 모리타워 주위로 약간의 기복이 있는 녹지마운드가 방사상으로 디자인되어 있고, 회랑형의 쉘트와 유리벽천의 분수는 광장의 활기를 더해주고 있다.

74 외부공간계획도
75 66프라자 단면도
67-69 주거동 저층부의 연도형 상가

74

75

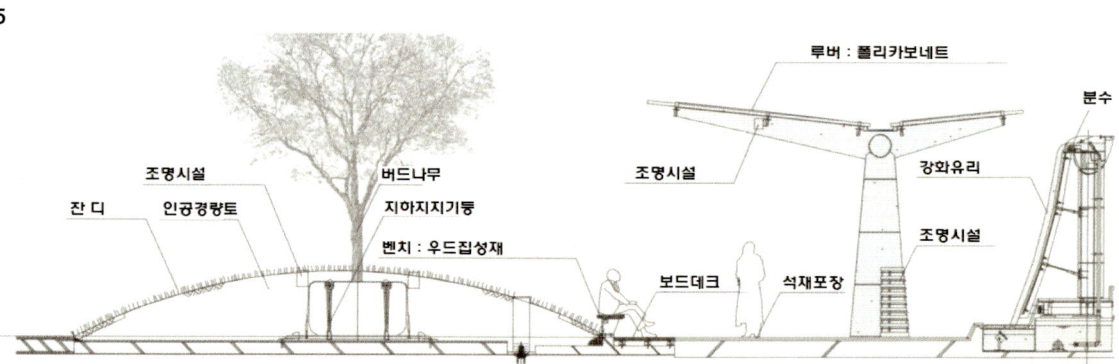

76-78 진입광장 경관
79 중앙광장 단면

 단지 중앙광장으로서의 '록본기힐즈 아리나'는 아사히 TV 방송국에 인접해 대형 미디어보드와 함께 록본기 힐스가 추구하는 문화도심의 상징적인 공간이 되고 있다. 첨단 개폐식 캐노피를 설치해 무대장치로 활용하면서 바닥은 수공간과 어우러진 계단형 우드데크를 설치해 자연스럽게 공연자의 분위기를 연출하고 있다.

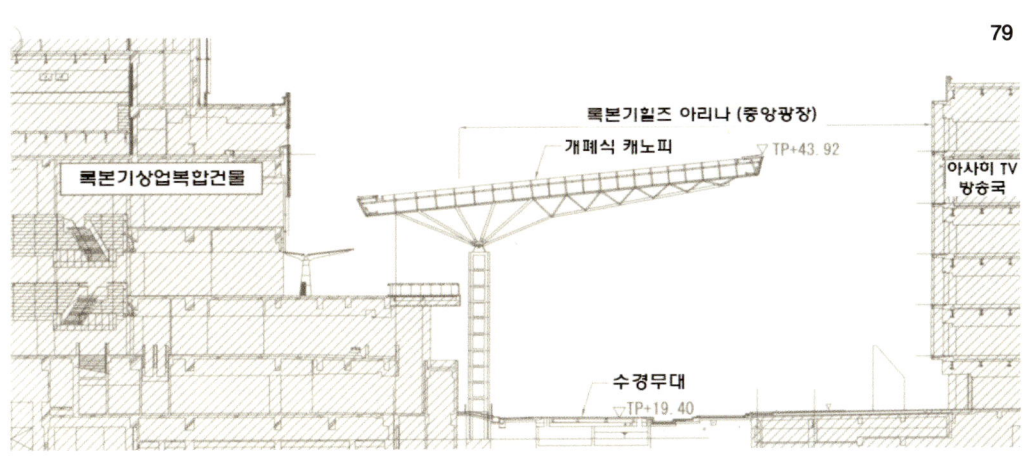

중앙광장과 인접한 곳에 단지 내 친환경 생태공원을 조성하고 있다. 이 공간은 기존의 연못이 있던 자리를 보존하는 의미에서 새롭게 만든 정원이다. 기존의 지형과 수목을 일부 활용하면서 계절의 변화를 느낄 수 있는 회유식 정원으로 디자인되었다. 활기찬 상업공간의 가로나 광장사이로 보이는 녹지와 수변공간은 도시의 훌륭한 휴식공간의 역할을 하고 있다.

80-81 중앙광장
82-83 지구 내 친환경 생태공원

가로시설물의 통합디자인

도시가로의 테마성 부여와 활성화를 위한 다양한 가로시설물의 활용의 일환으로 세계적인 예술가의 환경조각물을 설치하고 있다. 이러한 예술장식품은 단순히 바라보는 미술품이 아니라 벤치, 가로등 등의 역할을 하면서 일반시민들이 친근하게 예술품과 접할 수 있도록 디자인되어 있다. 한편 보행자 가로의 캐노피, 안내시설(인포센터), 가로등, 플랜트 박스와 볼라드 등 다양한 가로시설에 대한 세심한 디자인을 통해 수준 높은 가로환경을 연출하고 있다.

84-89 다양한 가로시설물
90 광장부 가로시설물

91 가로변 캐노피 디자인
92 인포센터 디자인
93 플랜트박스 및 볼라드 디자인
94 가로흡연실

난바파크

OSAKA
NAMBA PARK

10 NAMBA PARK

- PROLOGUE
- OMOTESANDO HILLS
- SHINONOME CANAL COURT
- DAIKANYAMA ADDRESS
- YEBISU GARDEN PLACE
- CANAL CITY HAKATA
- SHINAGAWA PROJECT
- SHIODOME PROJECT
- AKIHABARA PROJECT
- ROPPONGI HILLS
- **NAMBA PARK**
- TENNOJU ISLAND
- HARUMI PROJECT
- MARUNOUCHI PROJECT

10 난바(難波) 파크 재개발 프로젝트

개요

난바(難波) 파크는 오오사카시(大阪市)에서 관서지방을 대표하는 대표적인 번화가인 '미나미(ミナミ)' 지구에 위치하고 있다. 미나미는 신사이바시(心齊橋), 도톤보리(道頓堀)라는 역사적인 시가지와 미국촌 등 젊은이들의 문화가 함께 어우러져 있는 개성 있는 지역이다. 또 난바지구는 4개의 철도전철이 교차하는 '난바역'이 자리한 교통의 요충지로 하루 평균 약 100만 명의 이용객이 왕래하는 대규모 터미널기능을 가지고 있으며 도심부에 위치하고 있다.

난바 파크지구는 1950년대 중반부터 오오사카(大阪)지방의 명문 프로야구 구단 난카이(南海)호크스의 홈그라운드였던 야구장이 자리하던 곳이다. 1989년부터 오오사카시에 새롭게 돔구장이 생기게 됨으로서 야구장의 본거지가 이전해 가고, 주인이 없던 오오사카구장은 그 후 극단 '사계(四季)'의 연극무대나 주택전시장으로 사용되어 왔으나, 도심상업지구의 활성화를 위한 복합개발 프로젝트로 재개발이 추진되어 2004년 1단계사업

1 난바파크 전경

이 완성되고, 2006년 현재 2단계사업이 진행되고 있다.

부지면적 37,179㎡, 연면적 297,000㎡(이중 제1기 개발면적은 147,000㎡)의 대규모 복합개발 프로젝트로 주요용도로는 점포, 사무소, 문화시설 등이 입지하고 있으며, 특히 종전의 야구장이 입지하던 공공장소의 특성을 살려 개발에 있어 대규모 옥상정원을 계획해 일반시민에게 개방하는 계획이 추진된 것이 특징이다.

2 난바파크 배치도
3 오오사카구장

개발 프로세스

1980년대 중반, 오오사카구장을 포함하는 주변지역을 재개발하려는 구상이 시작되었다. 그 후 1989년 주변의 토지소유자들을 중심으로 '난바지구개발협의회'를 발족해 12ha에 이르는 난바지구 도시개발계획 전략을 수립해 갔다.

기반정비는 토지구획정리사업에 의해 도로, 공원 등의 정비와 더불어 1995년에 오오사카시 '난바토지구획정리조합'이 설립인가를 받았다. 다음해인 1996년에는 '재개발지구계획제도'의 적용을 받아 도시의 고도이용을 도모하는 건축물 및 시가지계획의 방향성을 확장하게 되어 용적률이 약 800%가 되었다.

1996년 도시개발의 컨셉인 '미래도시'를 키워드로 A-1지구(제1기로 완공된 지구)의 계획이 본격화되었다. 1998년 기본설계개시, 1999년 11월 착공해 2003년 8월 제1기 공사가 완공되었다.

경관만들기의 특징

인공 구릉지의 형성

난바재개발 프로젝트의 특징은 무엇보다도 옥상녹화를 시도한 건축물 디자인으로 도심 내에 대규모 공원을 연상하게 하는 인공 구릉지를 조성한 계획이다. 인공의 구릉지경관은 도심 속 오아시스 역할을 하며 도시경관의 활력을 불어넣고 있을 뿐 아니라, 원래 야구장으로서 일반시민에게 널리 사용되었던 장소적 특징을 살려 시민들에게 열린 공간으로서의 녹지공간을 제공하고 있다.

4-6 인공구릉지 전경

랜드마크 타워를 통한 지구의 스카이라인 형성

단지의 업무시설인 파크타워는 난바재개발지구의 북단에 위치하며, 단지의 주진입부에 위치한 건물로서 21세기의 난바지구의 미래를 열어갈 랜드마크 타워인데, 저층부에 쇼핑센터(상업시설)를 가진 초고층건축물로 고층건축물이 드문 주변지구에서 도시의 새로운 스카이라인 경관을 형성하고 있다. 차세대 지적생산, 창조형 산업을 임대하는 공간으로 국제비지니스의 허브역할을 하면서, 파크가든과 유기적으로 연계하면서 다른 오피스건물에서는 찾아볼 수 없는 업무환경을 제공하고 있다.

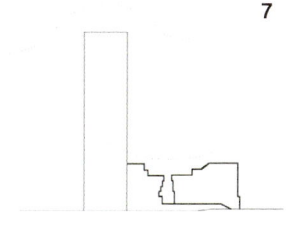

7 스카이라인 개념도

주변지역과의 일체적인 재생, 정비

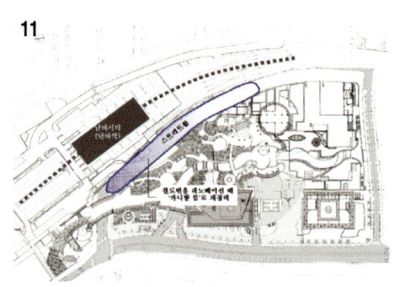

인접한 난바역(난바시티)를 사이에 두고 지상철도선이 지나가고 있는데, 난바파크의 경계부인 철도변을 리노베이션 해 '카니발 몰'로 재정비하고 있다. 방치하기 쉬운 경계부 공간을 새로운 형태의 상업스트리트로 정비해 주변지구의 활성화에 기여하고 있다.

8 경관구성도
9-10 난바파크 진입부분
11 철도변 스트리트몰의 조성
12-15 스트리트몰(카니발몰)

보차분리를 통한 보행자공간의 활성화

전철역 및 주변지구에서 진입하는 방문객은 에스컬레이터를 이용해 2층 데크레벨의 다목적 광장과 보행자 쇼핑몰에 직접 접근하도록 하고, 차량동선은 지상층에서 진출입 하도록 계획되어 주변지구에서의 명확한 동선체계를 형성하고 있다.

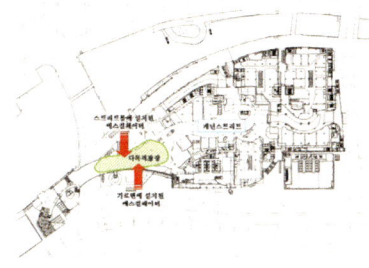

16

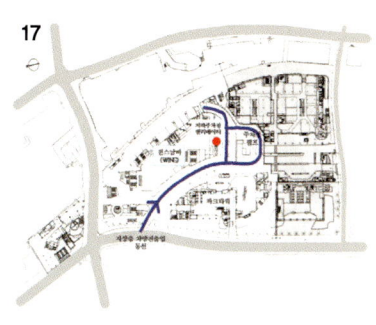

17

18

19

20

21

22

23

16 보행자동선(2층평면도)
17 차량동선(지상층평면도)
18-19 2층 데크(다목적 광장)
20-21 가로변에 설치된
 에스컬레이터와 2층 데크
22-23 스트리트몰과 2층
 데크레벨을 연결하는
 에스컬레이터

난바파크 재개발 프로젝트

도시공원의 창출

건축물 상부에 약 10,000㎡에 이르는 옥상정원(일명, 파크 가든)은 단지용적률 800%의 용적률을 소화하면서 자연에 친근하고 걷기에 즐거운 장소를 만들기 위해 녹화공간과 도시광장으로 구성해 제2의 대지를 형성하고 있다. 특히 옥상을 지상과 격리시키지 않고 지상에서 접근할 수 있도록 자연구릉형상으로 계획해 다양한 상업시설과 공존하면서, 약 235종 4만 그루의 나무나 화초를 옥상에 심고 있다. 이러한 녹지공간은 도시열섬현상의 완화, 단열효과에 의한 공조부하 저감 등 물리적인 효과의 측면과 더불어, 이곳을 방문하는 사람들에게 즐거운 휴식공간을 제공하고 있다.

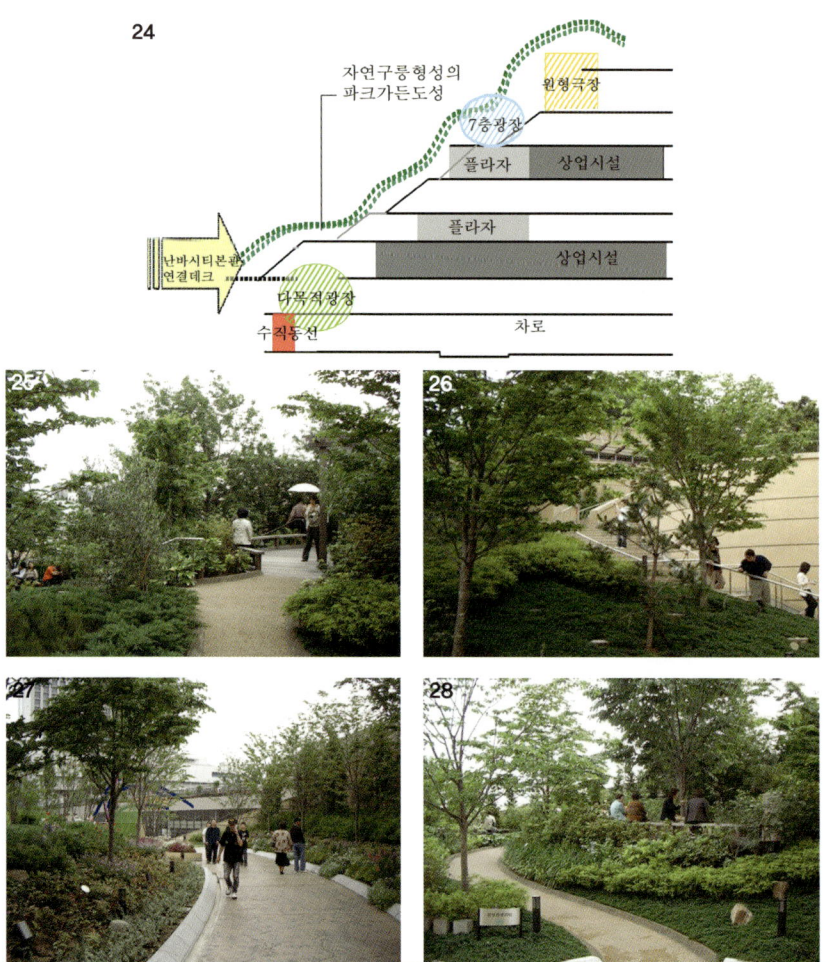

24 도시공원의 창출
25-28 도시공원 내 녹화공간과 산책로

29-30 도시공원 내 광장 및 휴게공간

다양한 외부 체험공간의 연출

건축물 8층높이까지 녹화구릉지는 지역에 충분한 녹화공간을 확보하고 도심의 옥상에서 도시공원과 같은 공간을 체험하게 함으로써, 원래 야구장이라는 공공성을 가지는 장소의 특성을 최대한 반영하는 계획개념을 제시하고 있으며, 상업시설과 어우러진 테라스공간, 주변가로에 면한 분수광장 등 다양한 외부공간을 연출하고 있다.

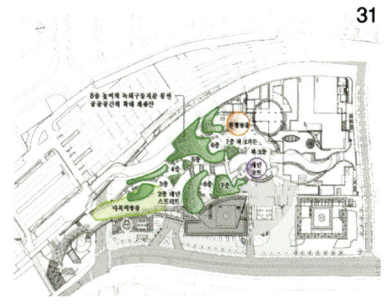

31 녹화구릉지와 다양한 프로그램 연계배치
32-33 다양한 외부 공공체험 공간의 연출

34-37 다양한 외부 공공체험
　　　공간의 연출
38 프로그램 소개

지역커뮤니티 프로그램의 도입

난바파크의 또 하나의 특징은 주거공간을 가지지 않으면서 도심부의 특성을 살려 주변지역 커뮤니티의 활성화를 도모할 수 있는 다양한 시설프로그램을 도입하고 있다는 점이다.

오오사카 미나미지구 최초의 초고층 업무시설(일명 파크타워)는 지역의 랜드마크가 되고 있으며, 옥상공원으로 뒤덮인 상업시설과 각종 레스트랑, 주말에 많은 집객력을 가지는 장외 경마권 매장 등은 24시간 활기찬 시민들의 교류가 이루어지도록 하고 있다. 특히 옥상정원에는 다양한 이벤트행사가 가능한 원형극장, 회원제 임대텃밭 등도 설치되어 있다.

39-40 원형극장
41-42 장외경마권 매장
43 단면구성도

차별화된 쇼핑몰 디자인

미국 설계사무소 존 져디사와의 마스터플랜으로 쇼핑몰의 기본계획이 제안되었는데, 가장 중점을 둔 사항은 방문자들에게 다양한 체험이 가능한 장소를 디자인하고자 한 것이다. 옥상의 대규모 공원(BIG PARK)과 상업몰은 미국의 그랜드 캐년을 이미지화해 침식된 대지를 관통하는 그랜드 캐년의 골짜기를 연상하게 하는 쇼핑몰(캐년 스트리트)을 형성하고 있다. 스트리트를 따라 걷으면서 즐길 수 있는 가로점포를 배치하고 가로의 다양한 시퀀스를 연출하면서 전개되는 곡선쇼핑가로는 차별화된 장소적 체험을 가능하게 하고 있다.

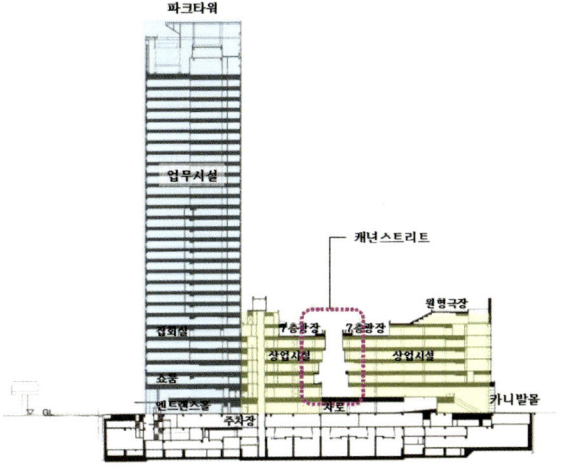

44-45 캐년 스트리트 상부 브릿지
46-47 캐년 스트리트 전경
48-49 캐년 스트리트 내 디자인요소

5 워터프론트 재생을 통한 수변도시의 창출

사례-11. 텐오쥬 아일랜드
사례-12. 하루미 프로젝트

텐오쥬 아일랜드

TOKYO
TENNOJU ISLAND

11 TENNOJU ISLAND

- PROLOGUE
- OMOTESANDO HILLS
- SHINONOME CANAL COURT
- DAIKANYAMA ADDRESS
- YEBISU GARDEN PLACE
- CANAL CITY HAKATA
- SHINAGAWA PROJECT
- SHIODOME PROJECT
- AKIHABARA PROJECT
- ROPPONGI HILLS
- NAMBA PARK
- **TENNOJU ISLAND**
- HARUMI PROJECT
- MARUNOUCHI PROJECT

11 텐오쥬(天王州)아일랜드

개요 및 개발배경

텐오쥬(天王州)아일랜드 프로젝트는 동경 임해부에 위치하면서 사방이 운하로 둘러싸인 약 20ha의 재개발지구이다. 버려진 유조창고부지를 매력적인 복합도시로 바꾼 도시재생의 대표적인 사례로 꼽힌다. 특히 지권자전원이 토지이용의 전환에 합의하고 자력으로 단기간에 업무상업 복합시가지를 형성하며, 필요한 인프라시설을 스스로 해결해가는 일본에서는 보기 드문 민간주도의 도시재생 성공사례이다.

대상지는 도쿄 임해부 해안물류벨트 지역의 일각에 위치해 물류창고가 집적한 지역으로 지구의 북단에는 유조창고도 입지해 특별방화지역으로 지정되어 있기도 했다.

1980년대 중반 유조창고의 이전과 더불어 미쯔비씨상사 등 민간기업이 이 지역의 토지를 취득하게 되면서 본격적으로 개발이 싹트기 시작했다. 당시 일본은 거품경제의 영향으로 도시개발의 붐이 한창이었던 시기였고, 도쿄만 매립지에 위치한 임해부도심 지역이 새로운 신도시개발을 주도하고 있었다.

1 과거 텐오쥬 아일랜드

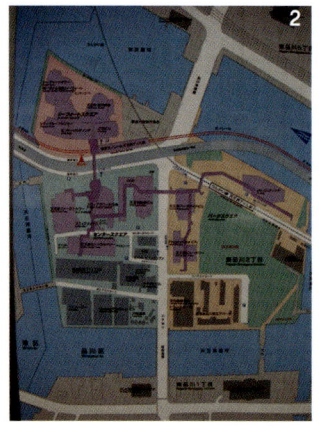

당초의 구상은 이 지구에 임해부도심을 연결하는 모노레일역사를 유치해 초고층의 주거단지를 건설하는 것이었다. 이후 당시의 개발붐에 편승해 개발이익이 기대되는 복합개발개념으로 개발구상을 수정, 이 지구는 '도시속의 도시(A city within the city)' 개념으로 방향전환이 이루어졌다.

결국 1991년부터 1996년에 걸쳐 사무소, 상점, 주택 등의 기능이 어우러진 새로운 도시공간을 창출하게 되었으며, 특히 이 지구는 임해부도심으로 진입하는 모노레일의 관문에 해당하는 지구로 도심 워터프론트의 새로운 가능성을 제시하고 있다. 즉 도쿄도측에서도 텐오쥬지구를 워터프론트개발의 모델프로젝트로 설정하면서 지구계획과 더불어 특별지구(spot zoning)에 의해 용도, 용적을 변경해 대규모개발을 가능하게 했다.

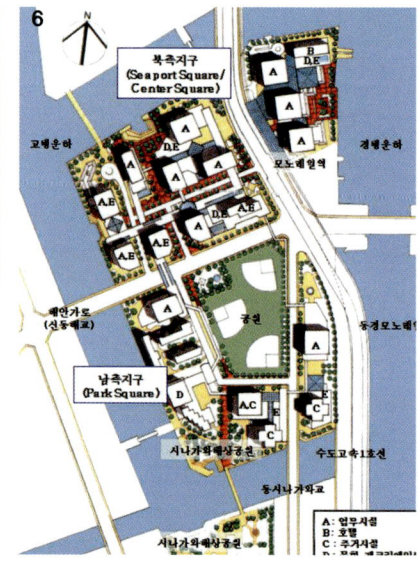

2 텐오쥬 아일랜드 배치
3-4 텐오쥬 배치 및 오피스
5-6 텐오쥬 아일랜드 전체 배치도 및 오피스

단계별 개발구상

텐오쥬(天王州)아일랜드개발은 민간개발업자에 의해 주도되었다. 민간개발업자가 지구 내 기업에 직접 개발계획을 제시하고, 당시 창고업을 경영하던 기업들에게 장래의 토지이용 전환 가능성을 설득해갔다. 민간개발업자의 주도하에 텐오쥬(天王

州)아일랜드 전체의 마스터플랜을 작성해가면서 계획의 초기단계부터 지권자가 직접 참여하도록 유도해 갔다. 이는 관(官)주도의 도시재개발사업이 보편화된 일본에서는 매우 드문 사례라할 수 있다. 지권자 참여를 통한 지구의 개발구상 모색에 중점을 두면서 지권자모임의 조직화가 계속되었다. 이러한 지권자그룹의 활동네트워크는 이후 이 개발의 추진력이 된 '텐오쥬(天王州)종합개발협의회'의 모체가 되면서 도시재개발에 주도적인 역할을 하게 되었다.

계획구상단계(1985년-1987년)

지권자는 1985년 '텐오쥬 종합개발협의회'를 설립해, 회원에게 1㎡당 100엔의 비용을 모아 전국시가지재개발협회에 위탁하고, 1986년에 '텐오쥬마스터플랜'을 책정했다. 마스터플랜의 기본정비방침으로 국제화, 정보화에 대응하는 24시간도시, 워터프론트를 살린 어메니티 풍부한 도시계획을 테마로 스카이워크(sky walk)등의 보행자동선, 광장, 오픈스페이스 정비의 방향성 등이 이 단계에 이미 검토되기 시작했다. 도입기능으로는 업무, 주택, 호텔, 문화 레크리에이션 등이 검토되고 식음, 판매시설에 대해서는 이 지구의 취업자에 대한 서비스기능에 중점을 두었으며, 또 상업기능만으로 광역적으로 주변 사람들을 끌어들이는 발상을 그다지 하지 않았다.

도시계획 1단계(1987년-1991년)

도쿄도와 자치구(시나가와구)는 협의에 의한 마스터플랜의 설명을 듣고 지구계획제도의 도입을 통한 도시계획을 제안했다. 이에 따라 지구계획주민발의 형태로 검토 책정되고 행정측에 요망서 제출의 절차를 거쳐, 1988년 '동(東)시나가와 2정목지구 지구계획'이 결정됨과 더불어 지구계획에 맞춰 용도지역 등도 변경되었다. (준공업지역/용적률 400%에서 상업지역 500%로) 계획결정은, 북측(1988년)과 남측(1991년)으로 나누어 진행되었다. 이는 지권자의 개발동향에 따라 행해졌는데, 제1단계 도시계획결정 시에는 남측은 개발예정이 없었다. 그 후 북측의 개발영향을 받아 남측에도 지구정비계획 결정이 행해졌다. 북측에 대해서는 '마찌쯔꾸리 간담회'에서 지구계획에 근거한 구체적인 도시계획이 검토되어 '텐오쥬 도시계획', '텐오쥬 북측 블록 도시계획 개요' 등이 책정되었다. 또 개별사업의 협의나 지구계획의 책정 등의 단계에서는 행정측에서 지역냉난방의 도입, 친수공간의 정비, 스카이 워크 정비 등이 지도되었다.

도시계획 2단계(1991년-   )

간담회의 논의를 거쳐, 협의회의 부회활동을 중심으로, 개별 과제에의 대응, 구체적인 계획 작성, 사업화방식의 합의형성을 행해, 단계적으로 직역의 환경정비를 추진해갔다. 협의회의 활동은 비교적 원활하게 진행되었는데, 주민조직이 참여하였고 개발이 단계적으로 행해진 것이 원인이었다고 지적되고 있다. 한편, 역사도입을 위한 지권자측의 청원이 받아들여져 철도역을 유치할 수 있었는데, 모노레일 텐오쥬역사의 정비에 필요한 정비비용 50억원 전액을 사업자측이 부담했다. 또, 도쿄임해고속철도 린카이선(臨海線) 텐오쥬아일역은 설치비용의 약 50%에 해당하는 86억엔을 지권측이 부담하고 있다. 이 자금을 모으기 위해 신설역사의 효과를 전문부동산컨설턴트에 의뢰해 설득자료로 활용하기도 했다. 결국 1996년 사업이 완료되었는데 민간주도의 프로젝트로서는 매우 신속하게 개발사업이 진행되었다.

사업수법

텐오쥬 아일랜드 재개발에서는 지구계획 이외에도 용도용적의 변경, 종합설계제도가 도입되었다. 지구계획에서는 지구시설(구획도로, 소공원)의 정비, 벽면위치의 지정, 건축용도의 제한, 최저부지면적과 용적률제한이 정해졌다. 또 지구계획의 목표를 실현하기 위해 각 지권자간에 수변경계, 도로변 벽면지정부분을 보도로 정비해 개방하고 디자인도 일체적으로 실시하는 기본양해사항이 정해졌다. 나아가 지구시설정비를 담보하기 위해 토지소유지와 자치구 간에 협정이 체결되었다. 행정측에서의 보조금은 연간 약 10만엔으로 사무처리비 용도로만 사용되고 다른 모든 사항은 사업자가 지출하게 되었다. 행정측의 보조금에 의존하면 시간이 지체되고 민간측의 개념대로 개발하는데 여러 가지 장애가 발생할 수 있다고 판단했다. 이 결과 1988년 '재개발지구계획제도'가 창설될 당시 텐오쥬 재개발이 많은 참고사항이 되었다.

한편, 개발이전에는 지구의 중앙부에 텐오쥬공원이 입주해 있었는데, 이를 건너편 해상공원과 일체적으로 정비하기 위해 주택도시정비공단 등과의 토지교환에 의해 텐오쥬공원을 남측으로 이동해 재정비했다.

지구시설정비의 경우, 지권자의 부담은 토지면적이 개략 3,000㎡를 넘는 경우 일률적으로 11-12%, 이 이하의 개발규모의 경우 5-6%로 하기로 주민측과 합의했다. 이는 텐오쥬지구가 업무지로 승인받기 위해서는 도로에서의 경미한 거리의 차이에 의해 토지의 가치를 평가하지 않고 구석의 토지일수록 적극적으로 개발에 임하게 함으로서 지구전체를 일체적으로 형성시키기 위해서이다. 스카이워크의 경우, 설치에 관한 법률적인 근거가 명확하지 않았기 때문에 도로상공부, 건축부지 내에 법적 취급이 어려워 일체적인 운용이 어려웠지만, 최종적으로 도로횡단부분은 도로점유물로서 자치구가 소유하고 민유지부분의 정비는 스카이워크가 접하는 지권자가 행해 지권자간 건축협정, 유지관리협정을 체결해 도로에 준하는 공개성과 관리를 담보하게 되었다. 또 도시만들기 과정에 양호한 지역형성, 매력적인 도시만들기를 위해 개발이념, 공공시설정비, 친수공간정비, 디자인, 교통시설정비 등에 대해 다양한 규칙이 검토되어 실시되었다. 이후 지구 내 개발계획에 대해서는 '텐오쥬아일 도시만들기 매뉴얼'을 작성했다(1994년 3월). 하지만, 실제로는 당시 거품경제의 붕괴 이후 새로운 후속 개발이 이루어지지 못해 매뉴얼이 사용되지는 못하게 되었다.

계획참여 주체별 역할

건축가의 참여

한편 구체적인 종합마스터플랜 작성을 위해 전문건축가 그룹인 RIA건축설계사무소가 참여했는데, 우선 전문가에게 요구되는 것은 재개발을 비롯한 도시개발에 실적을 가진 컨설턴트로시 어떠한 수법의 적용을 통해 효과적인 토지활용계획이 가능한가를 종합적으로 검토하는 작업이었다. 이전하는 석유저장탱크 야드, 유조창고 본사 용지, 공장이적지 등을 포함하는 20ha의 토지를 대상으로 도시개발수법, 유도수법 등을 사용해 용적보너스 획득을 포함하는 사업화방안의 모색을 계속해갔다. 건축가를 중심으로 교수, 행정경험자 등을 포함하는 다양한 전문가집단의 자문을 통해 지구전체의 이미지를 만들어가면서 지권자들의 지구이미지홍보를 위한 지구이미지 만들기가 계속되어졌다.

또한 사업계획과 지구이미지를 구체적인 도시 및 건축계획을 통해 계획안을 제시해갔는데, 마스터플랜의 작성에 따른 비용분담은 각 지권자가 부담하는 것으로 합의했다. 마스터플랜 작성에 필요한 비용은 지권자가 소유하고 있는 토지의 면적비(100엔/1m^2)를 각 회사가 분담했다. 약 10개월간의 마스터플랜 작성기간을 거쳐 텐오쥬(天王州)종합개발협의회 명의로 마스터플랜 작성안이 공표되었다.

행정의 역할

 최초의 마스터플랜 구상안이 공표되었던 1980년대 중반, 자치구인 시나가와구(品川區)에서는 이미 자치구의 마스터플랜을 작성해 여러 곳의 역세권재개발을 포함하는 시가지정비기본구상을 발표해 놓은 상황이었다. 그러나 당시 여기에는 텐오쥬(天王州)아일랜드 재개발계획이 포함되어 있지 않았다. 이러한 상황에서 지권자 전원의 합의에 의한 마스터플랜 구상안의 발표는 도쿄도(東京都)의 개발의지를 표명한 것이기는 하나 자치구로서는 매우 당황스러운 일이었다. 자치구에서도 이러한 민간의 개발의향을 적극적으로 수용해 자치구의 구상 속에 연계해 나갈 필요성을 인식하고, 시가지정비기본구상의 하나로 워터프론트 정비구상을 설정해 텐오쥬(天王州)아일랜드 구상을 주요 프로젝트로 연계하기로 했다. 이러한 배경에는 당시 도쿄도 내에 각지에서 유사한 재개발계획이 제안되고 있었지만, 그 가운데에도 지권자 스스로가 창고를 업무·상업복합 중심의 도심시가지로 바꾸면서 모노레일역사 건설과 기타 인프라시설 정비를 개발계획에 포함하고 있다는 점이 높이 평가되었다. 당시 일본은 거품경제가 한창이던 시기였고 이러한 정비구상은 도심부공동화에 대비한 도시정책상의 과제해결에도 부합되고 있었다. 따라서 민간의 활력을 적절하게 유도하고 지구계획 등의 제도적 장치를 통한 양호한 업무·상업지구를 형성하며 용도지역의 변경(준공업지역을 상업지역으로)을 통한 지구계획에 의한 민간 활력의 유도방안은 도쿄도와 지치구의 합의에 의해 자치구 재개발에의 적극적인 유도방침으로 설정할 수 있게 된 것이다.

경관만들기의 특징

지구의 목표 및 경관형성의 특징

 텐오쥬(天王州)아일랜드는 20ha의 부지가 운하에 의해 둘러싸인 독립지역을 형성하는 지구이다. 연면적 70만㎡, 취업인구 3만명, 주거인구 3천명의 신시가지를 형성하고 있다. '아트

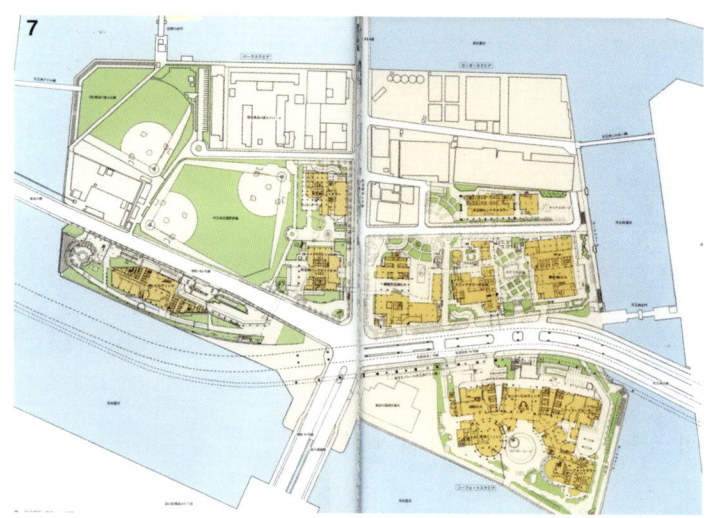

(Art)가 있는 섬, 하트(Heart)가 있는 도시'를 테마로 '비연속의 연속'을 계획상의 특징으로 하고 있다. 즉, 개개의 개발사업의 독자성을 확보하면서 유연한 계획지침에 근거해 각 사업자가 협조와 협의를 통해 통일감 있는 도시경관을 창출해내려는 계획의도이다.

구체적으로는 개발사업자들은 유조창고부지를 기성도심시가지와 경쟁할 수 있는 지역으로 바꾸어 놓기 위해 개별 개발사업의 독자성을 유지하면서 입지특성으로서의 워터프론트를 최대한 살리는 통일감 있는 도시경관을 창출해내려고 노력했다. 전체지구는 해안가로를 경계로, 크게 북측지구(Seaport Square 지구/Center Square 지구)와 남측지구(Park Square 지구)로 나뉜다. 북측지구는 재개발에 의한 고층건축물군이 밀집해 있지만 서측의 운하일대는 창고군이 남아있다. 한편 남측지구는 넓은 공원이 확보되어 있는데, 이 공원은 양측에 펼쳐진 해상공원과 일체화되어 레크리에이션 공간을 형성하고 있다.

7 텐오주 아일랜드 전체 배치도
8-9 북측 고층건물군
10 남측지구의 공원

경관가이드라인의 작성

마스터플랜상의 이와 같은 목표를 가진 시가지 형성을 위해 일정한 경관만들기 지침이 필요했으며 이 지침은 매뉴얼화 된 코드가 아니라 각 사업자의 협의에 근거한 합의형성을 통해 실현해 가는 것이다. 이러한 경관지침의 기본적인 요소를 정리하면 다음과 같다.

1) 운하에 면한 건물은 수변에 정면으로 세워져 수공간에서의 진입을 이미지한 건물축을 형성한다. 예를 들면, 운하-광장(전정)-저층부건물-타워동-전면도로앞 광장-전면도로 등 일련의 공간구성축을 형성한다.

11 수변경관구성
12-13 수변진입을 형상화한 디자인
14 수변건축물의 시설구성 (북측지구)

2) 각 건물의 저층부는 상업시설이나 문화시설, 불특정다수가 방문하는 시설군을 1~2층에 배치하고, 타워동에서 돌출된 저층부 등을 통해 건축물의 수직적 분절축을 형성한다.

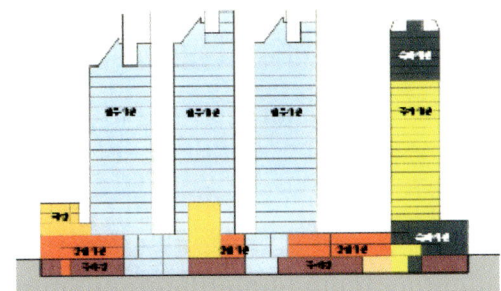

3) 개개 개발사업으로 실현되는 외부공간은 일체성, 연속성을 가지기 위한 협조, 공개공지 디자인, 지구전체가 대지경계선 없이 보행자프롬나드로 연계해 지구의 골격을 형성한다.

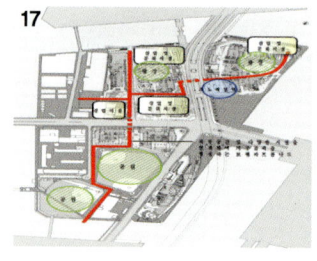  

4) 각 부지 내 광장은 개성적으로 연출한다. 운하에 면한 공간은 친수공간을 형성한다.

5) 개별 건축물의 경우 경관지침의 원칙적인 내용만을 준수하고 구체적인 건축가이드라인은 최소화하면서, 인접한 도시건축물이 연속성을 가질 수 있도록 경관형성을 한다.

15-16 친수공간에 인접한 건축물의 저층부계획
17 보행자프롬나드
18-19 다양한 공개공지에 면한 보행자 프롬나드

스카이워크(Sky-Walk)를 통한 지구의 일체화

텐오쥬지구의 지구공간 디자인상의 특징은 스카이워크에 의한 보행자동선의 구성이다. 모노레일역을 중심으로 보행자동선을 지상부의 차량교통과 입체적으로 분리함으로서 안전성, 편리성, 지역일체성의 향상을 목적으로 하고 있다. 총합설계제도의 적용에 있어 행정지도에 의해 지구계획제도에서 입체적 보행자통로 등의 정비가 지침으로 제안해 받아들여졌다. 당시 이러한 규모의 입체보행자통로는 일본에서 최초의 시도였다. 구체적인 스카이워크의 디자인은 마스터플랜 디자인에서 미리 정하기보다는 각 프로젝트의 개성을 살릴 수 있도록 프로젝트별로 동시에 디자인되어졌다. 다만, 도로횡단부의 스카이워크 디자인은 공통의 디자인으로 통일하고 있다.

20 미도리광장
21 센터광장
22 스카이워크
23 스카이워크 구성도
24 지상과 스카이워크 연결부

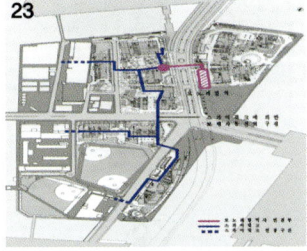

25 미도리광장을 가로지르는 스카이워크 전경
26 친수공간의 확보
27-28 보도데크가 설치된 친수공간

친수공간의 연출

워터프론트계획의 일환으로 친수공간은 가장 중요한 계획 중의 하나로, 일찍이 1988년 지구계획 책정단계에서부터 행정지도가 행해지게 되었다. 에도시대부터 사용되어진 돌을 이용한 석축, 나무판을 이용한 보도데크 등 자연소재를 많이 사용한 수변공간을 창출하면서 텐오쥬지구의 역사성을 남기고 있다. 친수 보행자공간, 친수공원 등이 일체화되면서 워터프론트개발의 특징을 최대화하는 마스터플랜이 작성되었다.

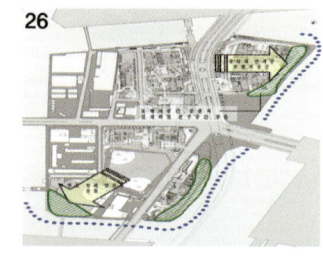

공개공지를 통한 지구의 활성화

공개공지의 설치에 있어서도 종전의 도로에 면한 공개공지 설치가 아니라, 보다 유연하게 공개공지를 조성했는데, 고속도로, 간선도로가 달리는 연도 쪽으로는 건축물을 배치해 소음이나 배기가스로부터 부지환경을 격리시키고 있다. 또 도로 반대측인 하천변에 오픈스페이스를 설치해 워터프론트로의 접근을 가능하게 하고 또 건축물 1층부에 갤러리아를 조성해 일반시민들의 접근이 용이하게 하고 부지내부의 광장도 공개공지화 하고 있다.

29 역전에 조성된 공개공지
30 오피스와 연계배치된 외부공간
31 부지내 공개공지
32 극장시설에 면한 센터광장
33 갤러리아

하루미 프로젝트

TOKYO
HARUMI PROJECT

HARUMI PROJECT 12

- PROLOGUE
- OMOTESANDO HILLS
- SHINONOME CANAL COURT
- DAIKANYAMA ADDRESS
- YEBISU GARDEN PLACE
- CANAL CITY HAKATA
- SHINAGAWA PROJECT
- SHIODOME PROJECT
- AKIHABARA PROJECT
- ROPPONGI HILLS
- NAMBA PARK
- TENNOJU ISLAND
- **HARUMI PROJECT**
- MARUNOUCHI PROJECT

12 하루미(晴海) 프로젝트

개요

도쿄항만지구에 위치한 하루미 프로젝트는 '일하고, 만나고, 생활하는' 도시만들기의 개념에 근거해 개발된 워터프론트 재개발 프로젝트로 2001년에 완공했다. 총 사업지구 면적 약12ha, 부지면적 약 84,800㎡, 연면적 67만1,600㎡의 대규모 프로젝트이다.

1 개발전의 하루미지구

하나의 계획지구에 2개의 사업주체(도시기반정비공단/시가지재개발조합)가 공동으로 사업을 행하는 '1계획2시행'의 사업방식이 행해진 것이 이 사업의 특징이다. 이 지구에는 분양 및 임대주택을 포함하는 15층에서 50층에 이르는 다양한 주거건축물이 9동 입지하며, 3동의 초고층건축물 오피스타워(각각 44층, 39층, 33층)가 입지하고 있다. 그 외 전시시설, 쇼룸, 구민회관, 상업시설 등이 배치되어 있다.

1970년대까지 이 지구에는 공단주택, 일본통운단지, 일본건축센터의 주택전시장, 관할구청(츄오구/中央區)의 그라운드, 급

수시설 등이 난립해 있던 지구이다. 1984년 일본건축센터와 일본통운의 부지를 매입한 수미토모(住友)상사를 중심으로 민간 7개회사와 주택도시정비공단(당시) 도쿄지사 등이 함께해 '하루미를 좋게 하는 모임'을 발족함으로서 개발이 본격화하게 되었다. 1986년 '하루미를 좋게 하는 모임'에서 간선도로변의 개발용적률을 현행의 500%에서 700%로 상향하는 '하루미 아일랜드 계획'을 제안했다. 이는 이후 이 지구의 기본계획방침에 반영되어 하루미지구의 일체적인 재개발계획의 큰 골격의 방향이 정해지게 되었다. 1988년에는 서측지구인 하루미 1정목 시가지재개발조합과 동측지구의 공단이 1계획2시행으로 사업이 진행되게 되었다. 양 지구는 '하루미 1정목 개발에 관한 기본협정서'를 체결하고, 일체적 종합적인 개발을 전제로 하나의 도시계획에 근거해 시행구역은 2개로 분리해 사업을 실행하는데 동의했다. 이는 1991년 '하루미 1정목 지구재개발 사업추진에 관한 각서에서도 계승되었다.

사업이 시작되기 전부터 구청과 본 사업에 관한 부지(학교용지)와 사업지구에 인접한 민간부지교환에 관한 합의가 이루어지는 등 개발사업의 준비작업이 순조롭게 진행되어 1990년에는 서측지구의 재개발준비조합이 결성되고 환경평가를 위한 절차도 개시되었다. 하지만, 1991년 일본의 거품경제붕괴로 사업이 일시 중단되어 1994년 서측지구의 건물이나 디자인이 대폭적인 변경이 행해지는 한편 동측지구의 공단지구는 분양지구를 해체하는 등 앞서 사업을 진행하게 되었다. 이로서 분양주택(대부분이 사택)의 이적지에 종전거주자(임대주택거주자)용의 주택을 건설하고 주민을 이전할 수 있게 되어, 기존 거주자문제를 해결할 수 있을 뿐만 아니라 서측지구에 인접한 부분을 비움으로서 서측지구와 일체적으로 오피스타워 개발이 가능해 졌다. 이처럼 여러 차례에 거쳐 계획안의 수정을 통해 2001년 준공하게 되었다.

2 하루미지구 전경

개발주체 및 수법

전술한 바와 같이 하루미 1정목지구의 개발사업은 지구 내 주요 지권자를 중심으로 한 '하루미를 좋게 하는 모임'에서 출발하고 있다. 1987년 주요민간법인 7개 회사, 주택도시정비공단, 자치구(中央區), 도쿄도(東京都) 등 주요관계자가 모여 협의회를 발족하고, 이듬해 공단을 포함하는 협의회로 발전 재개발사업이 본격화하게 되었다.

1988년에는 1계획 2시행의 방침이 정해져 공단과 조합간의 협정에 의해 공단의 단독시행의 형태가 결정되었다. 서측지구는 기업을 대표해 스미토모(住友)상사가 주도해 민간지권자에 의한 사업의 공동진행관리나 사업후의 관리를 담당하는 하루미 코퍼레이션이 설립되었다. 이 회사는 민간지권자 중 7개 회사가 공동출자해 사원을 파견하고 있다. 계획책정은 물론 사업진행 중에 있어 하루미지구 전체 사항에 대해 관계자 전체가 참가하는 "하루미 1정목개발협의회"에서 조정 결정되었다. 공단도 협의회의 일부로 참여했지만, 협의회와 공단의 다양한 교섭단계를 거쳐 방침이 정해지도록 함으로서 프로세스가 순조롭게 진행되도록 하고 있다.

한편 1계획2시행의 사업수법은 당시 도쿄도의 규정에 의한 조합시행의 재개발사업의 경우 '전원합의'를 전제로 하고 있어,

790호에 이르는 주민의 동의를 얻기가 불가능한 상황이었다. 당시 공단시행의 경우 전원합의의 조항이 없었다. 또한 공단이 단독시행을 하게 된 이유는 공단의 재건축사업의 경우 전국 일률적으로 방침에 근거해 공단내부의 임차인규정에 의하면, 조합시행의 경우, 임차인 보상도 조합에서 책임을 져야 되도록 되어 있다. 따라서 이러한 이유에서 공단의 단독시행을 지지하게 되었다. 이후, 1987년 재개발사업에 관한 각서, 1988년 기본협정을 거쳐 1계획2시행의 사업체계가 만들어졌다. 공동부분의 비율은 시행면적비율에 따라 51:48(조합 : 공단)의 비율로 부담하게 되었다.

초기단계, 공단의 단독시행에 따른 불신감도 있었지만, 인재파견, 교류, 협의진행을 거치면서 조정해 나갔다. 결과적으로 민간지권자는 오피스와 상업시설개발을, 공단은 주택개발을 담당하게 되었다. 사업수법에 있어 또 하나의 특징은 동측지구의 분양주택을 해체해 종전 거주자용의 주택을 제1기로 선행정비한 단계적 정비이다. 단계적인 정비에 의해 종전거주자의 대책뿐만 아니라 서측지구와 오피스빌딩을 일체적으로 해체하는 개발이 가능해졌다.

단계별 도시개발 프로세스의 특징

이상과 같이, 하루미지구 전체의 도시재생은 단계적인 도시개발의 대표적인 사례로 이해될 수 있는데, 여기서는 이러한 단계적 도시개발의 특징을 정리한다.

1정목(1丁目)지구의 선행개발

1정목의 개발은 '1계획 2시행'에 의한 재개발사업으로 지권자가 출자한 개발회사가 사업을 주도하는 등 종래의 재개발사업과는 다른 수법을 특징으로 하고 있다. 사업전반에 걸쳐 일본의 거품경제의 여파 등 많은 어려움 속에서도 지권자가 중심이 되어 부가가치가 높은 일체적인 도시재생이 이루어지게 된 원동력이 되었다. 이러한 일관된 재개발수법의 특징은 다음의 몇 가지로 정리할 수 있다.

첫째, 협정서의 효과이다. 1정목 재개발의 경우 많은 민간지권자에 의해 진행되었기 때문에 사회경제적인 변화에 따라 사업환경의 영향을 많이 받게 되었다. 하지만, 협정서의 형태로 개발방침이 정해지고 실질적인 담보력을 가지는 개발이 진행되었다. 1987년 3월 '개발에 관한 각서'나, 1988년 5월 '개발에 관한 기본협정'에서는 일체적 종합적인 개발계획을 추구하면서 사회경제적 변화에 따른 개발계획의 변경에도 기본원칙을 고수하면서 사업을 성공적으로 이끌어갈 수 있었다. 이처럼 법적 효력을 가지지는 않는 협정서가 담보성을 가지면서 사업이 진행되게 된 것은 '하루미를 좋게 하는 모임'을 통해 구축된 각 사업자들간의 신뢰관계, 도시만들기에 대한 권리자들의 높은 의식수준 등을 뒷받침이 되었다.

둘째, 지권자들의 출자에 의한 만들어진 개발회사(하루미 코퍼레이션)의 존재이다. 재개발조합 발족에 이르기까지 필요한 자금조달, 기동적인 조직의 필요성에서 출발한 개발회사이다. 당초 개발회사의 역할은 개발의 조사기획단계에서 사업추진 나아가 도시의 유지관리에 이르는 일련의 개발프로세스를 계획·관리하는 것이었지만, 여러 가지 상황에서 1정목개발에 부분적인 업무를 담당하고 개발이후 1정목의 유지관리회사로 역할을 하게 되었다.

셋째, 시행자간의 계획조정이다. 계획은 하나지만 2개의 시행자(민간지권자와 도시기반정비공단)에 의해 계획이 실행되면서, 시행지구 분할선의 설정, 주택과 오피스의 용적률의 적정배분, 계획, 관리운영, 비용분담 등의 조정 등의 문제에 대한 효율적인 조정에 많은 시간과 노력을 기울일 수밖에 없었다.

경관만들기의 특징

지구별 특징을 가진 마스터플랜의 작성

1986년 '하루미를 좋게 하는 모임'이 제안한 '하루미 아일랜드계획'은 하루미 매립지인 섬 전체 106ha를 대상으로 기본구상을 제안했다. '하루미 맨하탄프로젝트'라 할 수 있는 비즈니스, 교류, 주거, 어메니티의 4개 도시기능을 복합한 미래도시를 목표로 하고 있다. 1988년 건축물 재치를 포함한 '하루미 1정목지구 개발기본계획'에서는 상업업무지구를 하루미대로변(A블록)에 배치하고 초고층오피스 타워와 리조트호텔 각 1동 이외에 콘도미니엄과 대형 문화시설이 입지하고 있다.

또 동측 주택/학교지구(B블록)에는 3동의 고층주택동이 입지하고 있다. 이후 1989년에는 '하루미 1정목지구 재개발사업계획안'이 작성되었는데, 여기서 구상안에 있던 호텔안은 제외하고 업무존, 주택존, 복합존으로 구분해 초고층 3개 타워에 의한 업무시설의 집약, 수변친수성을 가진 복합존 계획이 제안되었다.

이후 거품경제의 영향으로 지하공사량을 대폭 삭감하기 위해 지하 자동차교습소의 취소, 기계식주차장의 도입 등이 검토되었다. 이러한 사업비 절감과 더불어 사업보조금을 통해 상업존, 공원, 움직이는 보도전용교 등 공용부분의 정비가 충분하게 이루어지게 되었다.

3 하루미지구 배치도

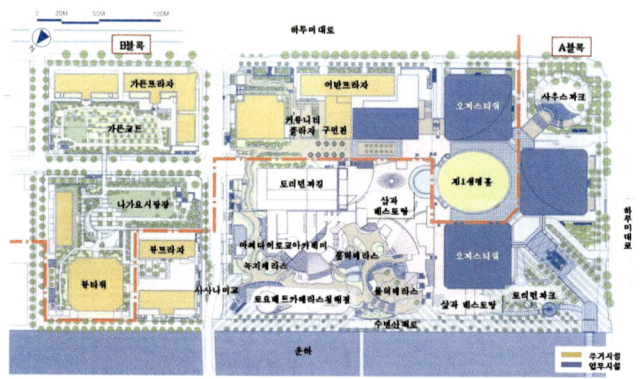

3

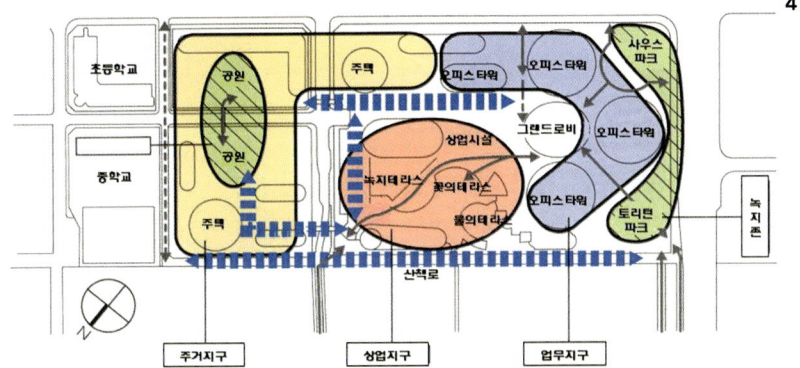

4 지구마스터플랜 개념도
5 주거지 부분
6 오피스동 입구
7 그랜드로비의 상업시설
8 경관구성도

고층타워에 의한 랜드마크 경관의 형성

도쿄 도심부에서 매립지로 진입하는 주 간선도로인 하루미대로변으로 3동의 초고층업무시설이 집적·배치되어 지구의 랜드마크를 형성하고 있다. 또 동측의 주거지구에도 타워주거동, 판상주거동을 혼합해 다양한 지구 스카이라인을 형성하고 있다.

9-10 초고층 업무시설
11 중·고층형이 혼합된 주거지구
12 타워주거동

개방적인 단지구성과 다양한 시설의 연계

매립지의 섬으로 구성된 1정목지구는 비교적 주변과는 독립된 도시공간을 형성하고 있지만, 간선도로변으로 업무중심시설을 배치하고 주변의 공개공지를 지구공원으로 조성하고 있으며 오피스타워를 하나로 묶는 아트리움과 연계시킴으로서 단지의 공공성을 높이고 있다. 주거지구는 프라이버시의 확보를 위해 지구의 동측으로 배치하고 중간영역을 상업전시시설로 구성하고 있는데, 전시시설, 상업시설, 공원광장 등 공공시설을 수변공간과 일체화해 계획함으로서 개방적인 단지를 구성하고 있다.

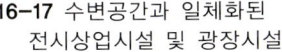

13 단지구성도
14-15 공개공지를 활용한 지구내 공원
16-17 수변공간과 일체화된 전시상업시설 및 광장시설

하루미 프로젝트

18-19 오피스타워를 하나로 묶는 아트리움

다양한 레벨의 가로경관 연출

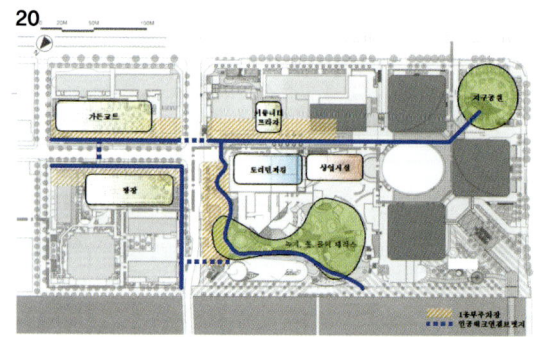

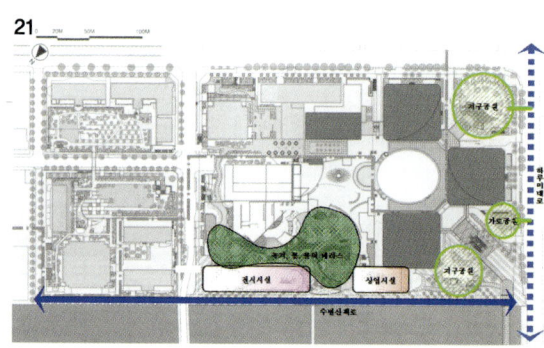

20 인공데크가로 구성
21 수변 및 간선도로변 경관구성

가로경관은 크게 도로에 면한 가로변 및 수변경관과 인공지반 레벨의 데크가로경관으로 구분된다. 12ha에 이르는 대규모 부지는 인공지반의 데크브릿지로 연결되면서 연결가로, 주거단지 내 공원 등과 일체화되어 있고, 1층부는 기계식 주차장을 설치하고 있다.

도로변 가로경관은 1층부 주차장과 연접해 있어 가로경관에 대한 주차장 벽면처리의 다양한 디자인을 연출하고 있다. 수변경관의 경우 상업전시시설과 일체화된 광장 및 테라스공간을 설치해 수변의 개방성을 극대화하고 있다. 또 간선도로(하루미대로)변으로 공개공지를 활용한 테마형 가로공원을 설치해 풍요로운 가로경관을 연출하고 있다.

22-25 인공지반(데크레벨)의 가로경관
26-29 1층레벨의 가로경관
30-31 1층부 기계식 주차장

하루미 프로젝트 **225**

32-34 주거지
35-36 근린공원

독립적인 주거지계획

도시복합개발을 추구하면서도 단지 내 주거지 공간을 독립적으로 구획하고 단지 내 별도의 공원, 학교시설 등을 계획하고 있다. 다만, 이러한 주거단지도 완전히 폐쇄적인 단지라기 보다는 단지전체를 연계하는 2층 데크 인공지반축과 이어져 있어 업무, 상업 등의 지구와 일체화되어 있다.

수변공간과 어우러진 상업 및 공공공간

매립지인 워터프론트지구의 특성을 충분히 살린 다양한 수변공간의 연출을 시도 하고 있다. 우선, 지구의 중심에 위치한 상업지구는 수변측으로 공공공원, 데크 테라스 등을 설치하고 수변을 따라 배의 모양을 형상화한 전시장을 배치해 공공공간의 효율성을 높이고 있다. 공공공간에는 분수, 폭포 등 수공간을 도입해 수변공간과의 연속성을 도모하고 있다.

37 수변공간변 전시장
38-39 상업지구의 테마형 가로공원
40 공원 내 테라스

6 기성시가지 업무·비즈니스 지구의 전략적 재생

사례-13. 마루노우치 지구재생

마루노우치 프로젝트

TOKYO
MARUNOUCHI PROJECT

MARUNOUCHI PROJECT

13

- PROLOGUE
- OMOTESANDO HILLS
- SHINONOME CANAL COURT
- DAIKANYAMA ADDRESS
- YEBISU GARDEN PLACE
- CANAL CITY HAKATA
- SHINAGAWA PROJECT
- SHIODOME PROJECT
- AKIHABARA PROJECT
- ROPPONGI HILLS
- NAMBA PARK
- TENNOJU ISLAND
- HARUMI PROJECT
- **MARUNOUCHI PROJECT**

13 마루노우치 프로젝트

개요

　도쿄 도심부 도쿄역과 황거 사이에 위치한 마루노우치 지구(정확히 말하면 오오테마치/마루노우치/유라쿠쵸 지구를 포함)는 일본경제의 비즈니스 1번지로 세계도시와의 경쟁을 염두에 두고 비즈니스기능을 강화하면서 도심의 활성화를 도모하기 위해 지구의 재생을 도모하고 있다. 마루노우치 지구는 금융, 매스컴 등 약 4,000개 이상의 사무소가 입지해 약 24만명의 취업인구를 포함하는 명실상부한 세계유수의 비즈니스 센터이다.

　1980년대 일본의 버블경제가 절정이던 1988년 1월, 이 지구전체를 전면재개발해 업무중심의 도심재구축을 제안한 소위 '마루노우치 맨하튼계획'이 발표되기도 했지만 도시미관 등의 이유로 반대에 부딪쳤고, 이후 버블경제의 붕괴로 재개발계획의 전면 수정이 행해졌다.

　이후, 90년대 들어, 도시가구블록별로 단계적인 도시재생 계획이 제안되었고, 시가지경관 가이드라인의 작성을 통해 단계적으로 도시건축, 도시가구블록이 재건축, 재생되어지고 있다.

또한 도시가구블록과 더불어 지구 내 가로공간의 정비와 더불어 도쿄역사를 비롯한 지구내 역사적 건축물의 보존재생에도 다양한 재생수법이 전개되고 있다.

1 마루노우치 지구 전경
2 마루노우치 조감도
3 배치도

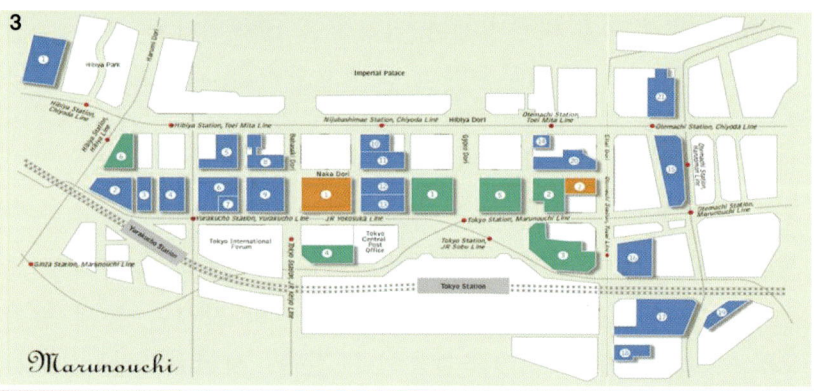

개발프로세스

전술한 바와 같이, 1990년대 이전에는 도쿄의 경제활동의 업무기능 집중을 위한 지구재개발이 논의되어져 왔다. 하지만, 1990년대 들어 경제불황의 여파로 도심지구의 재구축에 있어 업무공간의 신규공급이 정책적으로 지원을 받지 못한 상황에서 대규모 도시재개발 프로젝트는 실행되지 못했다. 하지만, 1990년대 중반들어 일본의 국제경쟁력 제고차원에서 도심부의 집중재생이 논의되기 시작했고 단순한 업무시설의 집중에서 탈피해 다양한 도시기능의 유치를 통한 지구재생의 논리를 구축해 갔다. 또한 자치구(치요다구)의 입장에서는 도심거주자 인구의 감소를 극복하기 위해 단순히 오피스를 주거로 전용하기 보다는 업무지구를 특화한 지구를 복합적으로 개발하는 구상을 제안했다.

행정측의 움직임도 발빠르게 대응했다. 국토청에서는 1995년 10월 '도쿄도심의 그랜드 디자인'을 발표해 도심지구의 경제 글로벌화에 대응하는 정책을 제안하고, 도쿄도에서는 1997년 3월 '구 중심부정비계획'을 발표해 마루노우치 지구를 도심재생지구로 지정했다. 특히 종전의 업무중심지구(CBD, Central Business District)에서 매력적인 업무지구(ABC, Amenity Business District)로의 지구재생을 목표로 종합적인 업무환경 정비, 도시기능의 다양화, 품격있는 도시경관만들기 등을 지침으로 제안했다. 자치구에서는 1998년 3월 '도시계획 마스터플랜'을 책정해 품격높은 시가지형성, 환경공생 공간의 창출, 복합적인 도시기능의 정비, 방재계획, 국제교류 등을 테마로 한 지구재생 가이드라인을 제안했다.

특히, 1999년 5월 새로운 도지사(이시하라 도지사)의 취임과 더불어, 그해 11월 '위기돌파작전플랜'을 발표하고 관민협조체제에 의한 마루노우치 지구재생과 도쿄역사의 보존계획의 추진을 제안했다. 중앙정부에서도 도시재생의 강력한 추진을 목적으로 2001년 5월 도시재생본부를 설치하고 이듬해 6월에는 '도시재생특별조치법'을 시행했다.

한편 이러한 움직임과는 별도로, 이 지구의 지권자들은 일찍이 1988년 7월 '지구재개발계획 추진협의회'를 설립해 연구활동, 견학회, 강연회 등을 통해지권자 상호간의 문제의식을 공유하면서 지구의 미래상 설정을 위한 지침만들기를 진행하고 있었다. 이러한 오랜 노력의 결실로, 1994년 3월에는 '마루노우치지구 지구재생기본협정'이 체결되어, 각 지권자들이 재건축시 고려되어야 할 기본적인 이념을 정리하고 있었다. 1996년 3월에는 '마루노유치 지구 도시만들기 검토위원회'가 중심이 되어 마루노우치 재생을 위한 PPP(Public-Private Partnership)에 의한 재생수법을 제안했다. 이는 행정측의 일방적인 계획수립에서 탈피해 민관협조체제의 중요성을 제안한 것인데, 이를 계기로 1996년 9월 도쿄도, 자치구(치요다구), JR, 협의회가 함께 하는 '마찌쯔꾸리 간담회'가 설치되었다. 간담회를 통한 많은 논의는 2002년3월 '마찌쯔꾸리 가이드라인'이라는 형태로 정리되었다.

이상과 같이, 마루노우치 지구재생의 특징은 많은 지권자들이 지구전체의 기능생신과 공간 및 경관디자인의 방향성을 논의해 가면서 지구의 장래상을 공유해 가고 있다는 점이다.

사업수법

마루노우치 지구재생에 있어 다른 지구보다 한발 앞서 다양한 새로운 제도가 도입된 점도 사업수법의 특징 가운데 하나이다. 도입한 주요 법제도로는, 특례용적률적용구역제도, 주차장조례의 개정, 특정가구제도가 있다.

특례용적률적용구역제도

마루노우치지구는 도쿄도의 도시계획 결정(2002년 6월)에 따라, 같은 구역내에서 인접하지 않은 부지간 용적의 이전이 가능한 이른바 '특례용적률 적용구역'에 적용되었다. 구체적으로는 도쿄역사(마루노우치 역사)의 미이용 용적을 도쿄빌딩, 신축 신

마루빌딩 등으로 이전하게 되었다. 또 지구내 육성용도(권장용도로서 오피스 이외의 용도)의 집약을 위해 건축물 간의 용도교환도 가능하게 되었다. 이를 통해 2006년 완공된 도쿄빌딩과 2007년 완공 예정인 페닌슐러 도쿄빌딩은 용도교환이 이루어졌는데, 도쿄빌딩 쪽으로 업무기능을 집적하고 페닌슐러빌딩쪽으로는 비 업무용도를 집약함으로써 호텔등의 개발이 도심에도 가능해졌다.

주차장설치의무

도쿄도의 주차장조례의 개정(2002년 10월)으로 주차장설치의 일률적인 규정에서 지역별로 다른 지침적용이 가능하게 되어 설치의무의 완화 및 독자적인 운용이 이루어지게 되었다. 마루노우치지구의 경우 도심에서도 대중교통수단이 가장 잘 정비된 지구로 이전부터 주차장의 이용률이 낮은 점등을 고려해 종전의 주차장 설치의무 규정보다 30% 정도 낮추게 되었다.

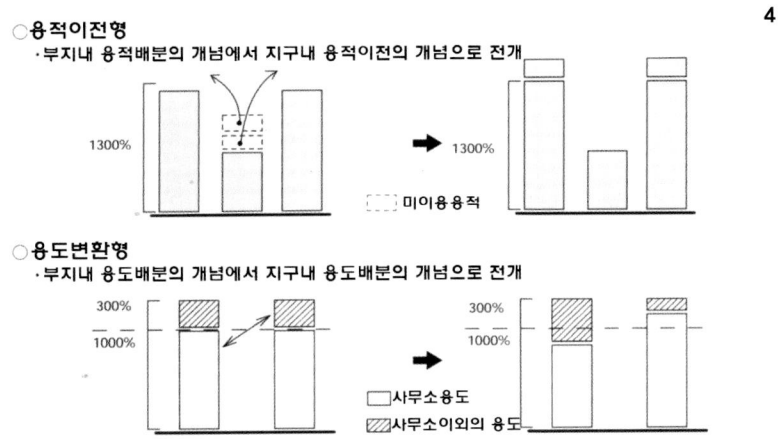

4 용적률이전형과 용도교환형

특정가구제도

특정가구제도의 개정으로 부지외의 공공공간 정비에 대해서도 용적률 완화를 인정하는 규정을 활용해, 신마루빌딩의 재개발에 적용하게 되었다. 도쿄역 마루노우치 지하 1층의 광장정비를 도쿄도의 공공사업과 일체화했다.

한편, 이상의 각종 제도적 적용수법 이외에도 가이드라인의 지침에 따라 보행자네트워크의 정비를 적극적으로 시도했다. 우선, 지구내 건축물의 블록별 재개발이 이루어질때 인접하는 건축물의 접속에 대응한 지하 1, 2층의 네트워크를 정비해감으로서, 재개발이 진행됨에 따라 지하보행로, 보행자 및 주차장 내트워크가 단계적으로 정비되어 갔다.

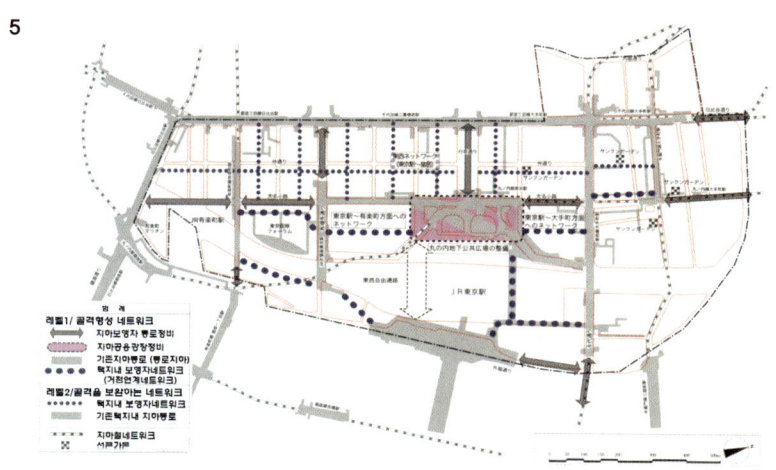

5 지하 보행자네트워크

개발주체

마루노우치 지구 재생을 위한 개발주체는 기본적으로는 각 지권자지만 지권자조직인 '재개발계획추진협의회'와 중앙정부, 도쿄도, 자치구(치요다구), JR을 포함하는 '마찌쯔꾸리 간담회'가 중요한 역할을 담당했다. 협의회는 일반적인 지권자조직과는 달리 기업법인으로 조직되어 있기 때문에 행정과의 관계에 있어서도 적극적인 역할을 담당하게 되었다. 협의회는 직접적인 도시개발 활동 이외에도 대규모 이벤트, 교류활동, 시찰견학회, 정보지발간 등 다양한 활동을 전개하고 있다(현재, 대략 80명이 넘는 협의회 회원수, 10명에 가까운 특별회원을 가지고 있다). 한편, 간담회는 단순한 민간과 행정의 창구가 아니라 도시계획제도의 검토, 가이드라인의 작성 등 중요한 역할을 담당하고 있다.

운영주체

마루노우치 지구의 전체적인 도시만들기의 추진, 운영을 담당하기 위해 '지구 매니지먼트협회'가 설립되었다(2002년 5월). 이 협회는 2002년 9월 비영리법인(NPO)인증을 취득하게 되었다. 협회의 주요활동으로는 지구의 환경정비, 지역활성화, 다양한 커뮤니케이션의 형성 등 다양한 활동을 전개하고 있다. 이처럼, 관리운영주체에 NPO법인을 채용하는 이점으로는 열린 조직으로서 폭넓게 사람들의 참여를 독려하고, 운영비의 활용면에서도 시민단체 형태가 편하기 때문이다. 협회의 구체적인 성과로는 마찌쯔꾸리협의회가 중심이 되어 지구를 순환하는 무료 전기버스인 '마루노우치 셔틀'의 운행을 개시한 것이다.

경관만들기의 특징

가이드라인에 의한 도시경관만들기

전술한 바와 같이, 마루노우치 지구재생은 가구블록별 도시건축물의 재개발(재건축), 가로 등 공공공간의 정비 등을 통해 점진적 단계적으로 전개되고 있다. 이러한 상황에서 민관협의회가 제안한 '마찌쯔꾸리 가이드라인'은 도시재생의 기본적인 방향과 지침을 정리한 것으로 도시경관만들기의 가장 기본적인 룰(rule)을 제시한 것이라 할 수 있다. 따라서, 여기서는 가이드라인의 개약적인 내용을 정리하면 다음과 같다.

가이드라인의 기본적인 이념으로는, 1)종합적인 시점(기능, 환경, 경관, 네트워크 등)에서의 지구의 장래상 검토, 2)3가지(장래상, rule, 정비수법) 중점 가이드라인, 3)공공과 민간의 협력, 협조, 4)열린 도시만들기, 5)진화하는 가이드라인, 을 제안하고 있다. 또, 지구의 장래성으로는 8가지를 제안하고 있는데 그 내용은 다음과 같다. 1)시대를 선도하는 비즈니스 지구, 2)사람들이 모여서 교류하는 도시, 3)정보화시대에 부응하는 정보교류, 발신의 도시, 4)품격과 활력이 조화하는 도시, 5)편리하

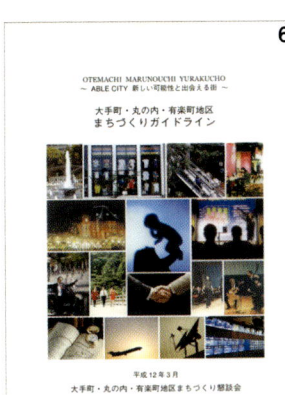

6 가이드라인 책자 표지

고 쾌적한 보행자를 위한 도시, 6)환경에 배려하는 도시, 7)안심할 수 있고 안전한 도시, 8)지역, 행정, 방문자가 협력해서 만들어가는 도시.

한편, 특색있는 도시만들기를 위해, 1)죤, 축, 거점에 의한 도시만들기, 2)시가지구성수법(시가지형성형/공개공지 네트워크형)의 제안, 3)도쿄역 주변의 도시정비 등을 지침으로 제안하고 있다. 특히, 도시디자인(도시경관)의 특성화를 위해, 1)지구의 도시디자인 개념, 2)시가지형성형 도시디자인, 3)공개공지 네트워크형 도시디자인, 4)중간영역의 형성, 5)스카이라인 형성개념, 6)도시디자인의 골격형성지구, 7)도시디자인에 근거한 경관형성, 등을 정리하고 있다. 도쿄를 대표하는 공공공간의 정비를 위해, 1)마루노우치 역앞광장에서 行幸가로로 이어지는 상징가로의 정비, 2)나카도오리 정비 등의 공공사업수법을 제안하고 있다.

이러한 가이드라인 및 공공수법의 실현방안으로는, 4가지 정비수법과 재개발지구계획, 가이드라인과 관련 제도의 활용방법을 정리하고, 민관협력체제, 간담회에 의한 가이드라인의 운용에 이르는 다양한 추진방안을 제시하고 있다.

7 마루노우치 가이드라인

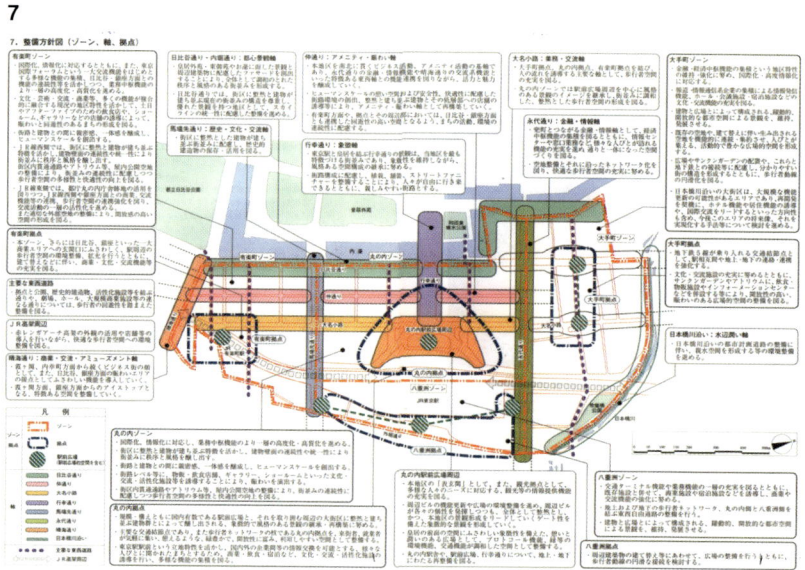

고층건축물의 저층부 특화

가이드라인에서 제안하는 '시가지형성형' 경관만들기의 일환으로 고층건축물의 저층부는 31m(원래 마루노우치지구는 미관지구로 지정되어 건축물의 높이가 31m로 제한되어 있었다)로 도시가로에 연접하는 형태로 계획되어졌다. 또 각각의 도시블록 저층부는 중간영역을 형성하면서 아트리움, 갤러리, 내부통과도로 등 실내공개공지의 정비를 통해 시가지의 연속성을 고려하고, 저층부의 다양한 상업시설, 이벤트공간 등으로 특화된 저층부를 형성해 보행자공간의 다양성과 쾌적성 향상을 도모하고 있다.

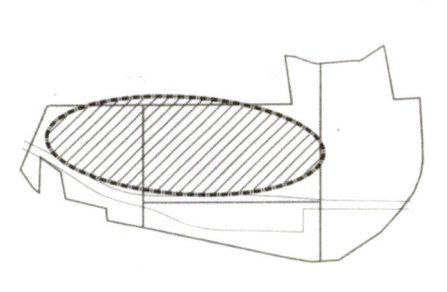
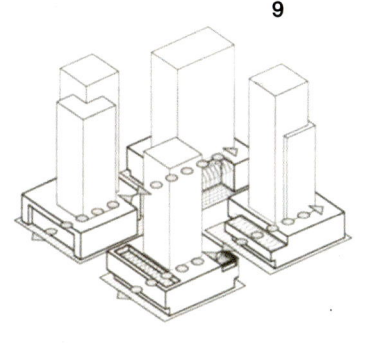

8-9 시가지형성형 경관만들기 개념
10 경관을 위한 저층부 디자인
11 저층부 특화
12-13 저층부 디자인 다이어그램

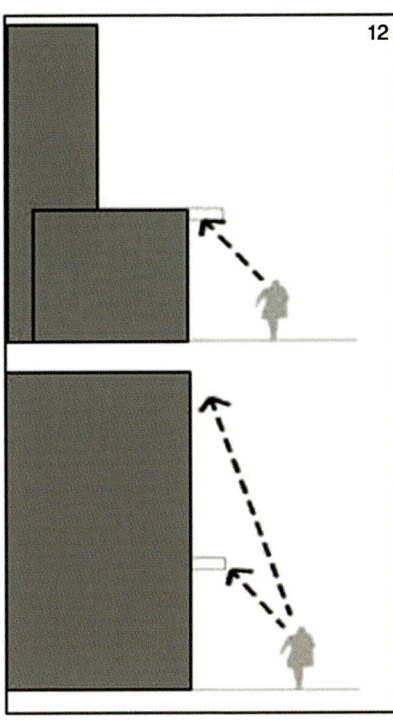
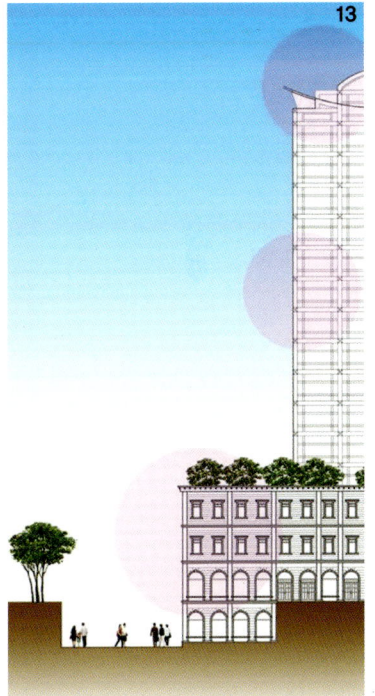

14-18 저층부 다양한 시설

외부공간의 네트워크화

고층건축물의 외부공간은 단순한 짜투리공간의 개념에서 탈피해 교통결절점을 중심으로 광장, 선큰공간, 아트리움 등을 효과적으로 배치함으로서 보행자동선의 네트워크화는 물론 지하철과의 접속, 가구내 관통도로의 설치, 광장공간의 연출 등 외부공간의 연속성, 개방성을 연출할 수 있다.

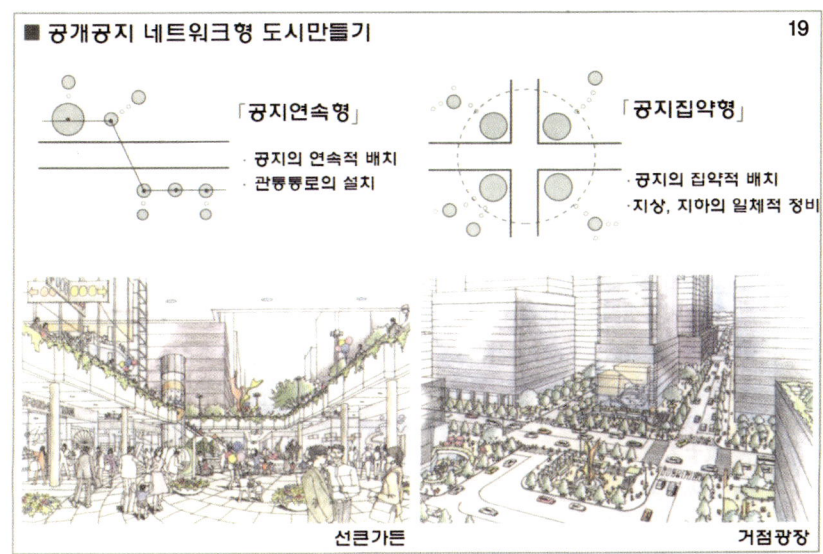

19 외부공간 네트워크화의 개념
20 외부공간 네트워크화 단면
21-23 건물 내 외부 공공공지 계획

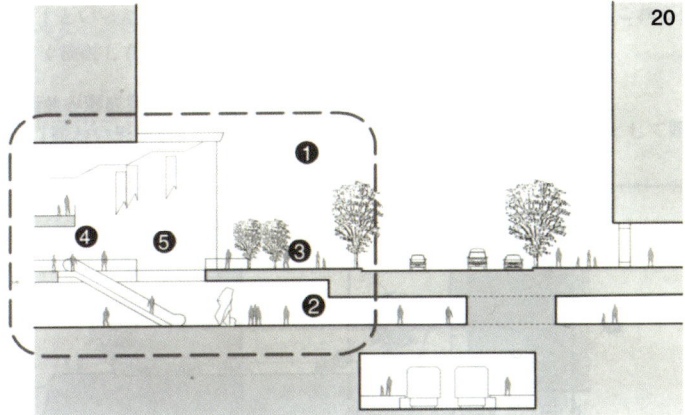

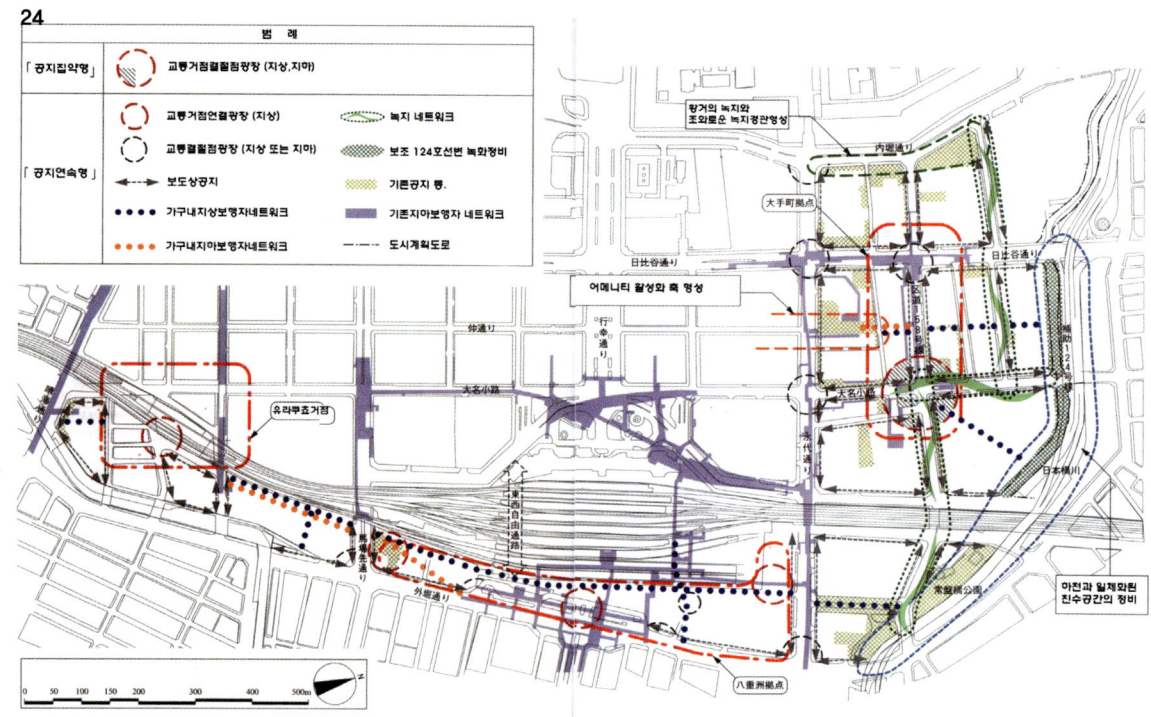

도쿄의 관문으로서 상징적 경관연출

도심부의 중추적인 심볼공간인 도쿄역, 마루노우치 역앞광장 주변부를 포함하는 지구를 '도쿄 관문지구(Gate Area)'로 설정해 통합디자인에 의한 체계적인 재생수법을 실시하고 있다. 우선, 도쿄역 앞 광장에서 황거로 이어지는 상징가로에 게이트를 형성하는 2개의 고층건축물을 통해 게이트성과 시각적 조망축을 형성하고, 보행자의 편리성과 터미널기능의 강화를 위해 지상 및 지하공간의 정비를 도모하고 있다.

24 공공공지 가이드라인
25 상징가로 형성 가이드라인
26 상징가로 CG사진
  (동경역 방향)
27 상징가로 CG사진
  (황궁방향)

관민협력에 의한 가로공간 활성화(나카도오리 정비)

마루노우치지구를 관통하는 비즈니스활동, 어메니티 환경의 기본적인 축인 '나카도오리'는 보행자공간의 중심축으로서 지구활성화의 가장 핵심적인 가로공간으로 정비되었다. 원래 이 지구는 업무시설만이 위치해 있어 야간 혹은 주말에는 거의 인적이 드문 지구였지만, 새로운 도시만들기의 개념에 따라, 종전의 1층부에 위치한 은행지점 대신 각종 브랜드상점을 입점시키면서, 자치구에서는 가로포장, 스트리트퍼니쳐, 조각품 전시 등 통합디자인을 실시해 도심의 '브랜드 스트리트'를 형성하게 되었다. 이처럼 관민이 협력하면서 지구의 가장 중심축인 가로공간을 정비하고, 가로공간에 면한 도시건축물의 저층부를 중간영역으로서 체계적으로 정비해 지구활성화의 선도적인 역할을 하게 되었다.

28-29 나카도오리 이미지 및 정비개념
30-31 나카도오리의 중간영역 단면예시

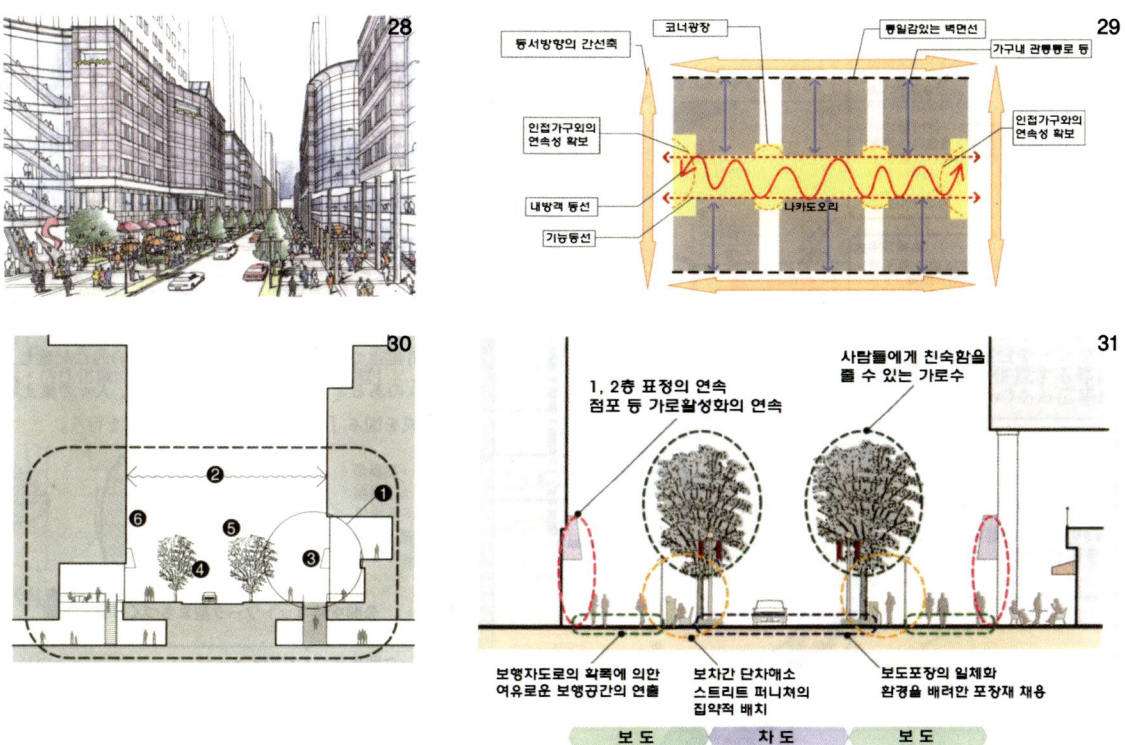

32-36 나카도오리 다양한 저층부
37 마루빌딩

복합용도 도입을 통한 도시공간의 다양성 추구

마루노우치지구가 도심부 업무지구의 한계를 극복하고 24시간 주말에도 방문해 즐길 수 있는 도시만들기를 실현하기 위해서는 건축물의 복합화가 중요한 사항이 된다. 예를 들면, 마루노우치지구 재구축의 최초 프로젝트로 유명한 '신 마루빌딩'의 경우 2002년 8월에 오픈했는데, 종전의 오피스개념에서 탈피해 저층부의 쇼핑존과 상층부의 레스트랑 존을 배치해 140여개에 이르는 상가시설이 입점해있으며, 오피스 또한 가급적 다양한 기업에 임대하면서 나아가 산학교류를 위해 도쿄대학 경제학부, 하버드대학 비즈니스 스쿨, 스톡홀름 경영대학, 토후쿠대학 공학부 등 대학관련 연구소도 입점해 있다. 이처럼 다양한 복합용도의 도입을 통해 도시공간의 다양한 활동 및 경관을 실현하고 있다. 또한 도쿄역 광장에 면한 'OAZO빌딩'의 경우 지하상가를 비롯해 저층부의 레스트랑, 책방, 쇼룸 등을 배치하고 상층부는 호텔이 입지한 전형적인 도심복합상업건축물로 계획되어 도심활성화에 기여하고 있다.

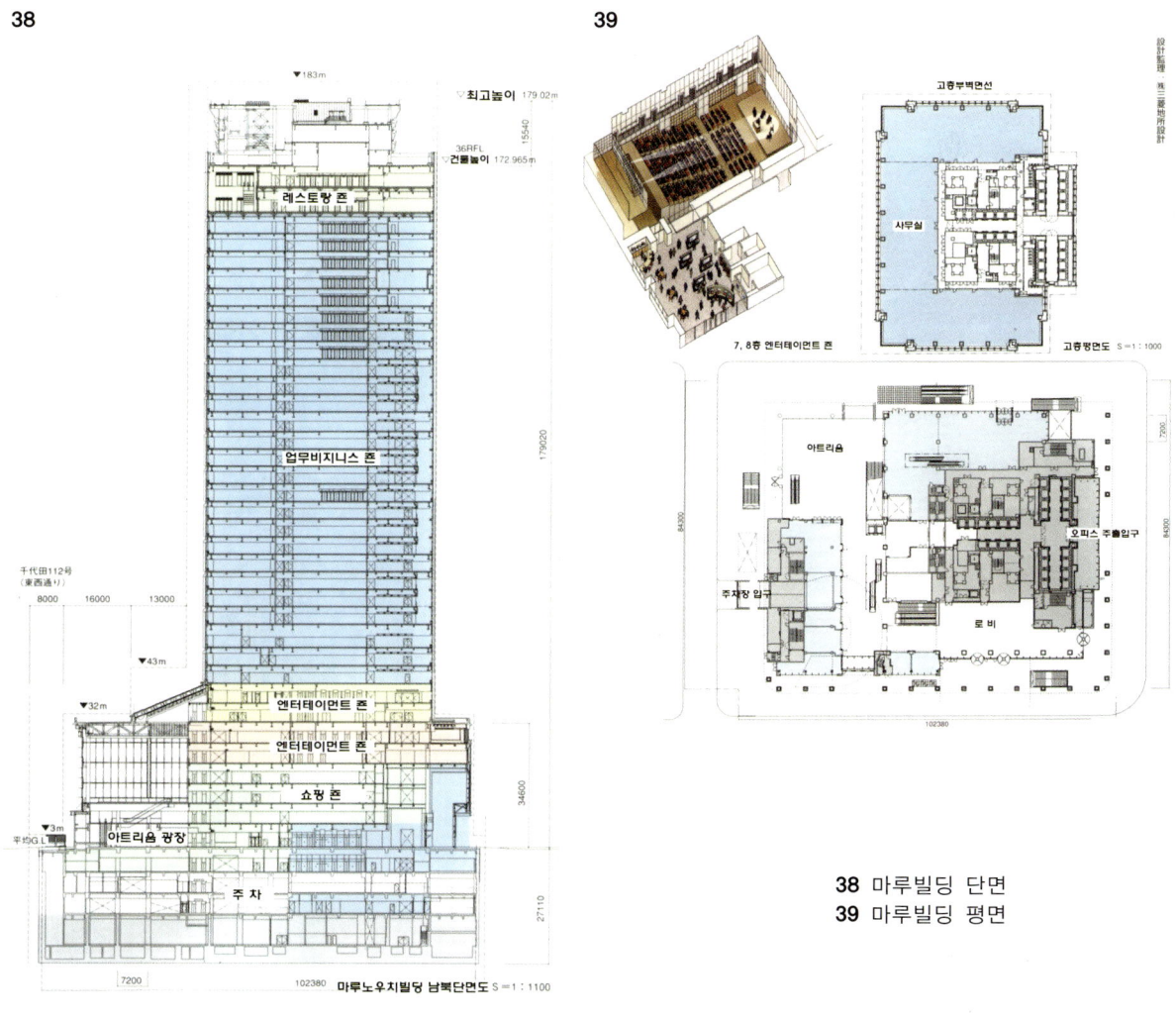

38 마루빌딩 단면
39 마루빌딩 평면

40 OAZO 빌딩 프로그램 다이어그램
41 OAZO 빌딩 평면
42-47 OAZO의 저층부 계획

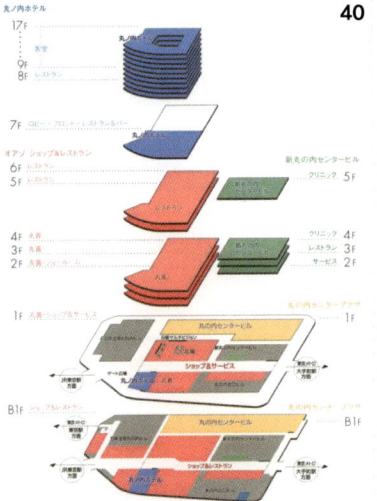
40

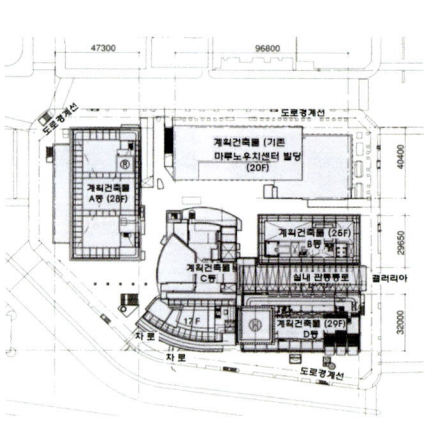
41

역사경관의 세심한 보존활용 및 정비

마루노우치지구는 도쿄역을 비롯해 많은 역사적인 건축물은 물론 주변에 황거가 위치해 역사경관이 우수한 지역이다. 따라서, 도시재생을 위한 도시개발의 추진에 있어서도 이러한 역사적 경관과 건축물을 보존활용하면서 정비, 재생계획이 전개되고 있다. 2003년 일본공업구락부회관의 일부보존에 의한 재생이 행해지고, 2005년 메이지생명관이 완전 보존수법에 의한 개수공사가 진행되었다. 또 부분적이기는 하지만 신 마루빌딩의 진입부가 복원되었고 2009년에는 미쯔비시 1호관, 2010년에 도쿄역 마루노우치역사 복원 등이 예정되어 있다.

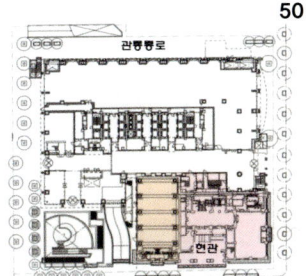
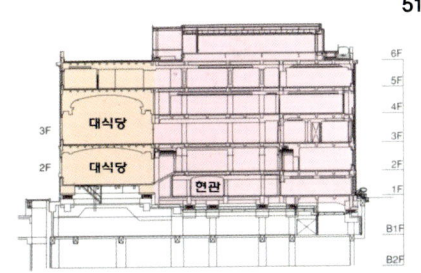

48 옛 공업구락부 건물 보존
49 보존 건물 입면
50 보존 건물 평면
51 보존 건물 단면
52 보존 건물 내부
53 선큰

54
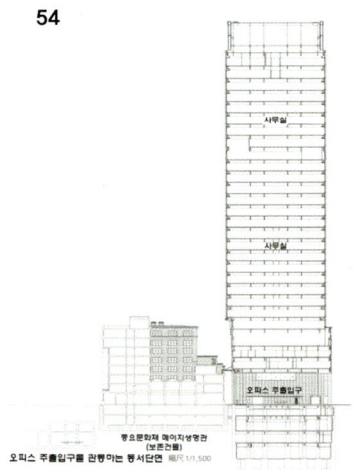

55
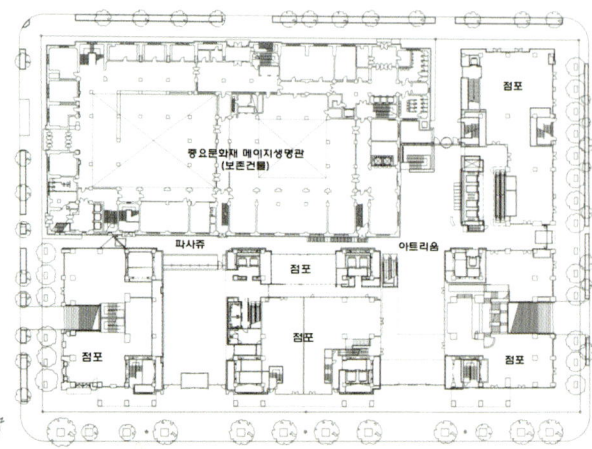

54 메이지생명 MY PLAZA 단면
55 메이지생명 MY PLAZA 1층 평면
56 MY PLAZA 전경
57 메이지생명관 보존
58 메이지생명관 내부
59 메이지생명관 보존 위한 아트리움

지구 매니지먼트를 통한 지구활성화 도모

지구 매니지먼트 개요

마루노우치 지구는 역사가 오래된 지구로 오래전부터 지역관리에 대한 다양한 조직이 활동해 왔다. 1988년부터 지구재개발의 움직임이 일기 시작해 지역의 민간지권자와 90개의 법인이 참가해 '재개발추진협의회'를 조직해 활동해 왔다. 민간에 의한 재개발조직으로 협의회 전원이 도시만들기의 기본협정을 체결하고, 자치구의 도시기본계획방침에 근거해 재개발추진을 위한 다양한 검토가 이루어졌다.

이후 1996년 도쿄도, 자치구(치요다구), JR, 재개발추진협의회가 참여하는 '마찌쯔꾸리간담회'가 조직되어 공공과 민간이 함께하는(PPP: Public-Private Partnership)도시만들기가 시작되었다. 이를 통해 지구의 장래상을 설정하고 그에 필요한 제도와 수법을 논의하면서 마찌쯔꾸리 가이드라인을 운영하고 있다. 또, 2002년부터는 NPO 인증을 획득한 기업, 시민단체, 전문가, 학자, 변호사, 일반시민 등이 참여하는 '지구 매니지먼트(Area Management) 협회'가 설립되어 환경정비, 지역활성화, 다양한 커뮤니케이션 활동을 위한 이벤트개최 등 활발하게 전개하고 있다.

60 지구 매니지먼트 협회 운영
61 지구내 다양한 프로그램 개발

이러한 일련의 활동은 1980년대 민간지권자에 의한 '협의회추진형', 1990년대 민간과 행정이 함께 참여하는 간담회를 중심으로 한 '민관파트너쉽형', 2000년대 들어 시민과 NPO법인까지 참여하는 '시민참여형'으로 요약할 수 있다.

주요활동

지구 매니지먼트 협회에서는 매년 활동상황을 홈페이지(www.ligare.jp)뿐만 아니라 활동개요 팜플렛을 발간하고 있는데, 2004년 9월-2005년 8월(제3기)의 활용내용을 정리하면 다음과 같다.

- 회원상황: 법인 50개사, 개인 51명, 협회 메일등록인원 약 690명, 리서치 모니터 약690명, 자원봉사자 연간 약 200명이 회원으로 등록되어 있다.
- 회의: 총회 1회, 이사회 7회 개최되었다.
- 정보발신: 홈페이지 운영, 메일 매거진 월 2회 발송. 이벤트정보 등 지구 내 배포 등 다양한 정보발신을 통해 정보를 공유하고 있다.
- 조사활동: 철도이용 등에 관한 앙케이트 조사, 노상주차 대책캠페인 등 조사활동업무도 실시하고 있다.
- 그 외, 지구시찰, 강연, 강사파견 등의 활동도 행하고 있다.
- 세미나: 월1회 다양한 테마를 가진 세미나 개최하고 있다.
- 공개공지의 활용: 매력적인 도시조례 공개공지활용단체 등록하고 지구 내 공개공지의 다양한 활용을 도모하고 있다.
- 셔틀운행지원을 위한 사업으로 운영위원회에 참가하고 있다.
- 마루노우치 여성합창단을 결성해 운영하고 있다.
- 심포지움 개최: '대도시 도심부에 있어 지구 매니지먼트의 실제와 과제'를 주제로 심포지움 개최했다.
- 각종 이벤트 개최: 도쿄 미레나리온 2004 개최, 연말 야간조명을 이용한 이벤트 실시, 오픈 카페 시범 실시, 앙케이트 조사 등 운영협력 실시 등을 각종 이벤트를 개최하고 있다.

이상과 같이 최근 들어 지구의 활성화를 위해 물리적인 정비계획, 경관계획 등의 차원을 넘어 다양한 지구의 장소마케팅 활동을 전개하고 있다.

재원조달

NPO조직인 지구 메니지먼트협회의 경우 회원회비, 협찬, 사업수익 등으로 충당한다. 연간예산은 약1,000만 엔으로 회원회비는 정회원 기준으로 학생 3,000엔, 개인 10,000엔, 법인 50,000엔이다. 찬조회원의 경우 개인 5,000엔, 법인 40,000엔 이상으로 되어 있다. 기타 찬조금의 경우 기업찬조 등이 있으며, 수익사업으로는 환경개선, 이벤트, 광고, 시찰, 세미나 리서치대행 등을 포함하게 된다.